Ralph Hosier

Praxisratgeber
Klassikerkauf

BMW 3er-Reihe

Alle E30-Modelle
1982-1994

HEEL

HEEL Verlag GmbH
Gut Pottscheidt
53639 Königswinter
Telefon 0 22 23 9230-0
Telefax 0 22 23 9230-13
info@heel-verlag.de
www.heel-verlag.de

2. Auflage 2024

Der Originaltitel „The Essential Buyer's Guide BMW E30 3 Series" ist erschienen bei:
Veloce Publishing Ltd.
Parkway Farm Business Park,
Middle Farm Way
Dorchester DT1 3AR
England

Übersetzung ins Deutsche: Jakob Ratz

Lektorat: Jürgen Schlegelmilch

Titelbild: Dieter Rebmann

Satz und Gestaltung: HEEL Verlag GmbH, Stefan Witterhold

Printed in Germany

ISBN: 978-3-86852-882-4

Inhalt

Einleitung – Zum Zweck dieses Buches

Mit der 3er-Reihe kreierte BMW das Segment der sportlichen Kompakt-Limousinen und legte den Grundstein für eine der erfolgreichsten Premium-Baureihen der Welt. Wenn es einen typischen BMW gibt, dann ist es ohne Zweifel der 3er. Für viele gilt diese Modellreihe in der Mittelklasse als Inbegriff der Sportlimousine, und das bereits seit dem Debüt im Jahr 1975, als die erste Generation E21 in den Schaufenstern der Händler stand. Seitdem haben sich weltweit mehr als 12 Millionen Kunden für einen BMW der 3er-Reihe entschieden, wenngleich sich das Fahrzeug keiner typischen Käuferschicht zuordnen lässt.

Auch mit der Einführung der zweiten Generation – dem E30 – im Jahre 1982 verfolgte der bayrische Automobilbauer konsequent das einzigartige Konzept der 3er-Reihe: eine kompakte Karosserie im eleganten Design, moderne und leistungsstarke Motoren, klassischer Hinterradantrieb und sportliche Fahrwerksabstimmung. Daraus ergibt sich ein Höchstmaß an Fahrdynamik und Agilität. Schnell bewies BMW zudem ein Gespür für den jeweiligen Zeitgeist und die individuellen Wünsche potenzieller Kunden. So folgten der zwei- und viertürigen Limousine schnell die Kombiversion Touring und ein bügelloses Cabrio.

Für viele verkörpert der BMW E30 den klassischen Urtyp eines unverwechselbaren, sportlich-dynamischen Autos. Er hat nicht nur die charaktervolle und doch elegante Linienführung zu bieten, auch unter dem Blech findet sich Automobiltechnik vom Feinsten. Aber nicht nur das überragende Fahrverhalten, sondern auch die Leistung und Laufkultur – dies betraf in erster Linie die Sechszylinder-Modelle – waren seinerzeit die Messlatte für die Konkurrenz aus Stuttgart und Ingolstadt.

Hierzulande war die E30-Familie mit ihren vielen, ganz unterschiedlichen Modellen so etwas wie das Ideal des vernünftigen und doch sportlichen Familienwagens. Das beruhte ganz wesentlich auf dem soliden Image der Marke und der Zuverlässigkeit ihrer Produkte. Ein damals populäres Reparatur-Handbuch sprach sogar davon, dass diese Autos aufgrund ihrer konventionellen Bauweise keinerlei Probleme bei Wartung oder Reparatur verursachen würden.

In diesem Ratgeber wollen wir Ihnen einen Überblick über alle wichtigen Modelle der Baureihe geben, deren Vorzüge aber auch Schwachpunkte darstellen, um Sie bei der Kaufentscheidung zu unterstützen. Unsere ausführlichen Checklisten werden Ihnen dabei helfen, Fehler beim Gebrauchtkauf zu vermeiden und Sie letztendlich zu Ihrem Traumexemplar führen.

Die ersten E30-Exemplare wurden 1981 produziert, und obwohl zehn Jahre später der Nachfolger E36 auf den Plan trat, wurden einige Versionen noch bis Mitte 1994 weitergebaut. Diverse Bauteile und Komponenten des E30 kamen später sogar im E36 Compact, Z3 und M Coupé zum Einsatz.

Auch wenn die ältesten Vertreter dieser 3er-Generation bereits das H-Kennzeichen tragen dürfen, sieht man Exemplare dieser Erfolgsbaureihe noch relativ häufig im aktuellen Straßenbild. Die Tuningszene hat sich inzwischen längst auf die Nachfolger E36 und E46 konzentriert. Aber der E30 genießt – auch jenseits der leistungsstarken M-Ausführung – längst einen Kultstatus bei allen Old- und Youngtimer-Freunden.

So sieht ein eleganter und leistungsstarker Alltagsklassiker aus.

1 Der richtige Wagen?

Große und kleine Fahrer
Da der E30 für einen großen, vielschichtigen Kundenkreis konzipiert wurde, legte man bei der Konstruktion großen Wert darauf, dass Fahrer aller Größen sich gut in ihm zurechtfinden. Der Fahrersitz lässt sich in der Höhe verstellen, um gute Sichtverhältnisse für alle zu gewährleisten. Auch die Breite des Innenraums ist für die meisten Fahrer ausreichend.

Bedienbarkeit
Modelle ohne Servolenkung verlangen beim Rangieren einigen Krafteinsatz, insbesondere wenn breite Reifen montiert sind. In Fahrt gekommen, lassen sich aber auch diese Modelle leicht und präzise bewegen. Die Pedale lassen sich gut und auch mit durchschnittlicher Beinkraft betätigen und bieten darüber hinaus eine durchaus angenehme Progression. Die präzise Schaltung lässt sich direkt und einfach bedienen, allerdings kann Verschleiß zu Schwierigkeiten bei der Gangwahl führen.

Ergonomisch konzipiert, schlicht und doch dynamisch: Der Innenraum ist funktional und bietet für die meisten Fahrer ausreichend Platz.

Abmessungen
Obwohl der E30 im Vergleich zu seinem Vorgänger, dem E21, an Größe zugelegt hatte, war und ist er immer noch ein vergleichsweise kleines Fahrzeug. Mit einer Länge von 4325 mm ist er länger als ein Golf aus jener Zeit, aber immerhin gut zehn Zentimeter kürzer als ein Mercedes W 201. Kaum zu glauben: Der BMW ist sogar etwas schmaler als der Golf. Mit einer Breite von 1645 mm ist der BMW zudem gut 45 mm schmaler als sein damaliger Hauptkonkurrent Mercedes-Benz 190.

Platzverhältnisse im Innenraum
Trotz der kompakten Abmessungen wirkt der Innenraum geräumig. In den frühen Modellen war die Kopffreiheit der Fondpassagiere eingeschränkt, BMW reagierte mit Karosserieveränderungen im hinteren Bereich und tieferen Sitzen im Heck.

Kofferraumvolumen
Mit 404 Litern Fassungsvermögen ist der Kofferraum des E30 großzügig bemessen, das Cabrio hat wegen des Verdecks etwa ein Viertel weniger an Platz zu bieten, Stauraum ist aber immer noch ausreichend vorhanden. Die größten Transportkapazitäten bietet natürlich der Touring. Sein Volumen lässt sich durch Herunterklappen der Rücksitzbank auf sehr respektable 1125 Liter vergrößern.

Unterhalt und Verbrauch
Die Leichtbauweise macht diese Fahrzeuge relativ sparsam: Ein 325i kann bei entsprechender Fahrweise unter 8 l/100 km gebracht werden, die späteren Vierzylinder-Modelle erreichen sogar Werte um die 6 l/100 km, gut eingestellte Diesel-E30 schaffen die 100 km sogar mit einem Verbrauch von nur 5 Litern.

Einsatzzweck

Ein gut gepflegter E30 eignet sich perfekt als Alltags-Youngtimer: mit Freude zu fahren, praktisch und zuverlässig. Ist das Einsatzgebiet eher sportlich definiert, etwa im Motorsport, bietet der E30 auch hier einiges: gutes Handling, Leistung und robuste Technik.

Teileversorgung

Wie bereits erwähnt könnte die Teileversorgung kaum besser sein: Der BMW wurde in vielen Ländern in großen Stückzahlen verkauft, spezialisierte Händler bieten immer noch fast jedes benötigte Teil an, Gebrauchtteile sind günstig zu haben und dank des Baukasten-Systems können einige Teile aus anderen BMW-Modellen im E30 verwendet werden.

Ersatzteilkosten

Durch das große Angebot sind die Preise für Ersatz- und Tuningteile recht günstig geblieben, es hat bisher (außer beim M3) keine Engpässe gegeben, die zu überteuerten Preisen geführt hätten.

Versicherung

Die ersten Exemplare dieser 3er-Generation haben schon die begehrte H-Kennzeichen-Frist geschafft, viele weitere werden in den nächsten Jahren folgen. Der E30 galt lange Zeit als das Fahrzeug für eine risikobereite, relativ unerfahrene Käuferklientel, entsprechend entwickelten sich die Versicherungstarife. Mit einem entsprechenden Schadensfreiheitsrabatt oder mit einem H-Kennzeichen bleibt der E30 heute jedoch ein bezahlbares Vergnügen.

Wertentwicklung

Unfälle, Rost und Defekte sorgten dafür, dass viele E30 bereits aus dem Straßenbild verschwunden sind. Da jedoch insgesamt eine sehr große Zahl dieser Fahrzeuge produziert wurde, wird ein „normaler" Vertreter dieser Baureihe wohl nie eine lohnenswerte Geldanlage sein. Besonders gesucht und viel seltener sind die Special Edition und M3-Modelle sowie die Allradausführungen: Hier sind gute Exemplare schwer zu finden und die Preise haben in den vergangenen Jahren stark angezogen.
Vorsicht geboten ist bei umgebauten oder getunten Fahrzeugen. Diese Investitionen zahlen sich nur sehr selten aus, Ausnahmen sind Alpina-Ausführungen oder Fahrzeuge mit Schnitzer-Tuning bzw. original M-Teilen. Der Originalzustand ist bei Kaufinteressenten inzwischen viel stärker gefragt und entsprechende Fahrzeuge erzielen wesentlich höhere Preise.

Schwachpunkte

E30 sind alltagstaugliche Fahrzeuge, aber die Kombination aus straffem Fahrwerk, Heckantrieb und wenig Gewicht an der Hinterachse kann bei nasser oder glatter Fahrbahn für Überraschungen sorgen. Defekte Zylinderkopfdichtungen sind ein bekanntes BMW-Problem, der E30 macht hier keine Ausnahme. Rost an den Ecken der Bodenbleche und verschlissene Achsteile sind ebenso häufig zu finden.

Pluspunkte

Schnell, stark, bei guter Pflege zuverlässig und natürlich das kompakte, klassische Aussehen.

Minuspunkte

Viele E30 wurden optisch grenzwertig getunt, teilweise gnadenlos tiefergelegt und verbreitert. Bei manchen Fahrzeugen ist ein Rückbau in den Originalzustand nicht mehr möglich oder nicht lohnenswert. Das Image des Wagens ist bei vielen immer noch etwas zweifelhaft, doch diese Wahrnehmung ändert sich bereits.

Alternativen

Der Nachfolger E36 ist technisch gesehen ähnlich, hat jedoch modernere Triebwerke bei etwas höherem Gewicht. Die Preise bewegen sich momentan noch auf niedrigem Niveau. Ebenfalls eine Überlegung wert wären: Peugeot 205 GTI, Golf GTI , Audi 80 quattro oder Mercedes 190.

Einsatzgebiet

Warum wollen Sie einen E30 und wofür? Es gibt sehr viele Modelle und die Wahl der richtigen Ausführung ist keine einfache Sache. Neben der Karosseriefrage steht natürlich die Frage „Vier- oder Sechszylinder?" im Mittelpunkt der Entscheidungsfindung. Wenn ein problemloser und robuster Alltagsklassiker gesucht wird, wäre der 316 vielleicht für viele Jahre Ihr perfekter und unproblematischer Begleiter. Sollte Ihnen der Sinn mehr nach Fahrdynamik, Beschleunigung und Geschwindigkeit stehen, wäre ein 325i oder gar ein M3 die bessere Wahl.

Suchen Sie einen Klassiker mit Wertzuwachs, sollten Sie nach gepflegten und originalen Fahrzeugen Ausschau halten und dafür auch etwas mehr investieren. Wollen Sie am Wochenende schnelle Runden auf der Rundstrecke oder dem Slalomparcours drehen, wäre ein günstiges Fahrzeug mit überschaubaren Mängeln die bessere Wahl.

Nach heutigem Empfinden eher schmal: Der E30 passt in die meisten Garagen und Parklücken.

2 Kosten – Erschwinglich oder nicht?

Der reguläre Service mit Öl- und Filterwechsel sollte etwa alle 10.000 km erfolgen; der Zahnriemen sollte alle 45.000 km bzw. alle vier Jahre gewechselt werden. Wenn Sie Ihren gebrauchten E30 gefunden haben, lohnt es sich, dem Wagen eine gründliche Inspektion mit Service zu gönnen und den Zahnriemen zu erneuern, sollte dies nicht bereits nachweisbar erledigt worden sein. Bei den Ersatzteilpreisen gilt es zu beachten, dass die Angaben je nach Händler variieren können. Außerdem sind sie abhängig vom Fahrzeugtyp und Baujahr. Die Liste erhebt keinen Anspruch auf Vollständigkeit, sondern soll nur einen Überblick bieten:
Ölwechsel (BMW-Werkstatt) ca. 100.- bis 150.- Euro
Großer Service mit Zahnriemen ab ca. 350.- (325i)
Kupplungssatz ab ca. 150.- (316) / ab ca. 150.- Euro (325i) / ab ca. 300.- Euro (M3)
Überholter Austauschmotor ca. 800.- Euro (M20) / ca. 600.- Euro (M10/M40) / ab ca. 6500.- Euro (M3)
Neu aufgebauter Zylinderkopf ca. 900.- Euro (M20)
Zahnriemensatz mit Wasserpumpe ab ca. 100.- Euro (M20) / ab ca. 120.- Euro (M40)
Bremsscheiben vorne (Paar) ab ca. 70.- Euro (325i) / ab ca. 100.- Euro (M3)
Bremssattel (325i) ca. 130.- Euro (vorne) / ca. 130.- Euro (hinten)
Bremsscheiben (hinten) ca. 60.- Euro (325i) / ab ca. 150.- Euro (M3)
Bremstrommeln (hinten) ca. 60.- Euro (316i)
Scheibenbremsbeläge (vorne) ab ca. 40.- Euro (325i) / ab ca. 70.- Euro (M3)
Scheibenbremsbeläge (hinten) ab ca. 30.- Euro (325i) / ab ca. 40.- Euro (M3)
Lenkgetriebe ab ca. 250.- Euro (325i)
Kugelgelenke (Vorderachse) ca. 25.- Euro
Buchsen für Traggelenke (Vorderachse) ab ca. 15.- Euro
Federn und Stoßdämpfer (Satz) ab ca. 500.- Euro
Buchsen für Hinterachse ab ca. 25.- Euro
Kühler ca. 150.- Euro (325i) / ca. 120.- Euro (316i)
Frontscheinwerfer (Stück) ca. 35.- Euro (frühe Modelle)
Batterie ca. 150.- Euro
Stoßstange (gebraucht) ab ca. 50.- Euro
Komplettlackierung ab ca. 2000.- Euro

Abgasanlage (325i)
Krümmer ca. 60.- Euro
Mittelschalldämpfer ca. 170.- Euro
Endschalldämpfer ca. 130.- Euro

Ersatzteile, die leicht zu finden sind:
AT-Motoren (außer M3), Verschleißteile, Karosserieteile, Fahrwerksteile

Ersatzteile, die schwer zu finden sind:
Teile der Innenausstattung, Zierleisten und andere Karosserieteile, Teile von Sondermodellen

Teure Teile:
Generell alle M3-Teile und M-Sport-Teile

3 Leben mit einem BMW 3er

Zuverlässig, günstig und gut: Der E30 überzeugt auch heute noch (Foto: BMW AG).

Obwohl der E30 heute als Youngtimer gilt, ist es problemlos möglich, ihn als zuverlässigen Alltagswagen zu fahren. Leichtbauweise und die durchzugsstarken Motoren erlauben seinem Fahrer, im heutigen Straßenverkehr zügig mitzuschwimmen und sich dabei über relativ niedrige Verbräuche zu freuen.
Da sehr gut erhaltene und vor allem leistungsstarke E30 auch bei Langfingern beliebt sind und Wegfahrsperren oder Alarmanlagen damals kaum bzw. gar nicht verbreitet waren, ist eine Nachrüst-Alarmanlage oder eine andere Form der Diebstahlsicherung auf jeden Fall angebracht. Das Cabrio ist noch stärker gefährdet, insbesondere durch Vandalismus. Ein zerschnittenes Verdeck kann immense Kosten nach sich ziehen. Eine Alarmanlage sollte bei diesen Modellen Ihre erste Investition sein.

Der große Pluspunkt des E30 ist aber zweifelsohne sein dezent-sportliches Image: Ob bei einer Ausstellung für klassische Fahrzeuge oder in der Boxengasse am Nürburgring, der E30 kann sich überall sehen lassen – was man nicht über alle Autos sagen kann. Er ist inzwischen häufig auf Oldtimer-Messen und Ausstellungen zu sehen, viele Clubs und Vereine

Große Fangemeinde: Der E30 entwickelt sich zum Kult-Auto.

Auch auf der Rennstrecke zuhause: Dank eines überlegenen Fahrwerks ist der 3er E30 ein perfektes Auto für den Motorsporteinsatz, egal ob auf Gleichmäßigkeitsprüfungen oder bei Slalomveranstaltungen.

kümmern sich offen und hilfsbereit um Informationsaustausch, die Teileversorgung und organisieren Ausfahrten und Veranstaltungen.

Die Rennsportszene hatte den E30 schon damals für sich entdeckt. Heute bieten sich die Teilnahme im Historischen Motorsport oder im Breitenmotorsport (Slalom, Gleichmäßigkeitsprüfungen) an.

Wie jedes andere Auto auch, unterliegt der E30, je nach Fahrweise und Laufleistung, normalem Verschleiß. Dabei sind Wartung und Reparaturen bei dieser 3er-Generation in den meisten Fällen einfach und kostengünstig durchführbar, zudem sind ernsthafte Defekte bei regelmäßiger Wartung eher selten, was vor allem an der robusten Bauweise und an der durchdachten Konstruktion liegt. Die Teileversorgung ist auch heute noch gut, mit Ausnahme vielleicht der M3-Modelle und der seltenen Alpina-Ausführungen. Die Zeiten, als beim Autoverwerter um die Ecke E30-Teile für kleines Geld massenweise zu finden waren, sind leider vorbei. Im Internet findet man aber immer noch viele günstige Gebrauchtteile. Dank des BMW-Baukastensystems passen auch einige Teile von anderen oder späteren Modellen beim E30. Verschleiß- und Tuningteile werden immer noch neu hergestellt, seltene Teile werden inzwischen von Spezialisten nachgefertigt.

Bis auf wenige Ausnahmen gestaltet sich die Ersatzteilversorgung problemlos.

Der E30 wird also nicht so schnell von unseren Straßen verschwinden wie viele gleich alte Fahrzeuge anderer Hersteller.
Der E30 ist ein besonderes und einmaliges Fahrzeug. Sie werden viel Freude daran haben. Suchen Sie ein gutes Exemplar, werden Sie Mitglied in einem E30-Club und behandeln Sie ihn gut. Sie werden nicht enttäuscht sein.

4 Relative Werte

Die Modellvielfalt beim E30 ist erstaunlich groß, sie erstreckt sich vom sparsamen 316 über die praktischen Touring-Modelle bis hin zum supersportlichen M3.

Die nachfolgende Tabelle gibt einen guten Überblick über das Preisgefüge der verschiedenen Modelle in Deutschland, wie es sich bei Drucklegung dieses Ratgebers darstellte, ermittelt von Classic Data . Die Spezialisten für Fahrzeugbewertungen aus Bochum beobachten seit über 25 Jahren den Markt für zwei- und vierrädrige Klassiker und bieten ein bundesweites Netz qualifizierter Kfz-Sachverständiger, die u.a. Wertgutachten für angebotene oder gekaufte Fahrzeuge erstellen. Unter www.classic-data.de findet man eine nach Postleitzahlen sortierte Liste der Classic-Data-Partner.
In der Realität können die Preise jedoch abhängig von Ausstattung und Fahrzeughistorie variieren. Natürlich spielen Originalität und Zustand bei den zu erzielenden Preisen die größte Rolle.

Modell	**Karosserie**	**Baujahr**	**PS/kW**	**ccm**	**1**	**2**	**3**	**4**	**5**
BMW 316 (E30)	Limousine, 2-türig	1983-1987	90/66	1766	k.N.*	3.500	1.300	500	k.N.*
BMW 316i KAT (E30)	Limousine, 2-türig	1988-1991	99/73	1596	k.N.*	4.400	1.800	800	k.N.*
BMW 318i (E30)	Limousine, 4-türig	1983-1986	105/77	1766	k.N.*	4.000	1.400	700	k.N.*
BMW 318i KAT (E30)	Limousine, 2-türig	1987-1991	113/83	1783	k.N.*	5.100	2.500	800	k.N.*
BMW 318i Touring Kat (E30)	Kombi, 5-türig	1989-1994	113/83	1796	k.N.*	5.900	2.300	1.000	k.N.*
BMW 318iS (E30/2)	Limousine, 2-türig	1989-1991	136/100	1796	k.N.*	7.100	4.200	1.600	k.N.*
BMW 320i (E30)	Limousine, 4-türig	1982-1987	125/92	1977	k.N.*	4.800	2.400	800	k.N.*
BMW 320i Touring Kat (E30)	Kombi, 5-türig	1988-1991	129/95	1976	k.N.*	6.600	2.500	1.200	k.N.*
BMW 323i (E30)	Limousine, 2-türig	1982-1983	139/102	2291	k.N.*	5.700	3.100	1.100	k.N.*
BMW 323i (E30)	Limousine, 2-türig	1983-1985	150/110	2291	k.N.*	6.200	3.600	1.200	k.N.*
BMW 324d (E30)	Limousine, 4-türig	1985-1991	86/63	2426	k.N.*	2.400	1.000	400	k.N.*
BMW 324htd (E30)	Limousine, 4-türig	1988-1991	115/85	2426	k.N.*	2.900	1.200	500	k.N.*
BMW 325e KAT (E30)	Limousine, 4-türig	1985-1987	122/90	2693	k.N.*	5.900	3.300	1.400	k.N.*

BMW 325i (E30)	Limousine, 2-türig	1985-1987	171/126	2476	k.N.*	6.500	3.900	1.600	k.N.*
BMW 325i Cabrio Kat (E30)	Cabriolet, 2-türig	1987-1989	170/125	2467	k.N.*	12.300	7.700	3.900	k.N.*
BMW 325i KAT (E30)	Limousine, 2-türig	1986-1987	170/125	2494	k.N.*	7.600	4.700	1.900	k.N.*
BMW 325i KAT (E30)	Limousine, 2-türig	1987-1991	170/125	2494	k.N.*	7.700	4.800	1.900	k.N.*
BMW 325i Touring KAT (E30)	Kombi, 5-türig	1988-1993	170/125	2467	k.N.*	7.600	3.700	1.600	k.N.*
BMW 325iX (E30)	Limousine, 2-türig	1986-1987	171/126	2476	k.N.*	5.900	3.300	1.700	k.N.*
Alpina B3 2.7 (E30)	Cabriolet	1987-1992	204/150	2693	k.N.*	17.200	10.200	6.400	k.N.*
Alpina B3 2.7 (E30)	Limousine, 2-türig	1987-1992	204/150	2693	k.N.*	15.800	8.900	4.200	k.N.*
Baur TC 320i (E30)	Cabriolimousine	1984-1988	125/92	1990	k.N.*	9.500	4.800	2.400	k.N.*
BMW M 3 (E30/2S)	Limousine, 2-türig	1986-1989	195/143	2266	k.N.*	41.500	24.500	14.200	k.N.*
(k.N.: keine Notierung), Quelle: Classic Data									

316 und 318i (1982-1987)

Diese Vierzylinder-Modelle mit dem so genannten M10-Motor sind leichter als die Sechszylinder und können auf kurvigen Strecken oder im Stadtverkehr sehr agil bewegt werden. Trotz der Bezeichnung 316 findet sich unter der Haube der gleiche Motor wie beim 318i, allerdings in Vergaser-Ausführung mit entsprechend weniger Leistung.

Die Triebwerke gelten als robust und langlebig. Als Einstiegsmodelle sind sie ideal, da sie günstig im Unterhalt und absolut alltagstauglich sind. Diese sportlichen und kompakten Autos sind auf dem Markt inzwischen leider ziemlich rar geworden

Die frühen Vierzylinder bieten viel Alltagstauglichkeit für wenig Geld: hier ein Urmodell mit Stahlstoßstange und Chromleisten.

320i (1982-1991; ab 1987: Facelift und mehr Leistung)

Diese kurzhubig ausgelegte Version des Sechszylinders ist sehr drehfreudig, was allerdings auch bedeutet, dass verstärkter Einsatz des Fahrers am Schalthebel gefragt ist, um den Motor auf Drehzahl zu halten. Das Gewicht der zusätzlichen zwei Zylinder lässt den Leistungsvorsprung gegenüber dem 318i zwar etwas schrumpfen, die legendäre Laufruhe und der wesentlich charakteristische Auspuffsound sowie die exzellente Langstreckencharakteristik sind allerdings wichtige Argumente, die für den 320i sprechen.

Die kleinen Sechszylinder werden oft günstig angeboten: Fahrspaß garantiert.

323i (1981-1985)

Heute vermutlich das populärste Modell, da man mit ihm auch heute noch schnell unterwegs sein kann: der 325i.

Nur unwesentlich mehr Hubraum hat der 323i zu bieten, daher ist hier auch nur ein eher geringer Leistungszuwachs bemerkbar. Der 323i war im Dezember 1981 das erste E30-Modell auf dem Markt, auf dem Gebrauchtwagensegment versucht er die Lücke zu schließen zwischen dem 320i und seinem leistungsstärkeren Nachfolger, dem 325i. Er steht etwas im Schatten seines größeren Bruders, entsprechend kann man heute gute Fahrzeuge zum günstigen Preis finden.

325i (1985-1991; ab 1987: Facelift)

Dieser Platzhirsch ersetzte 1985 den 323i, sein seidenweicher und drehmomentstarker Sechszylinder bietet über 170 PS, in einigen Ausführungen erreicht das Triebwerk sogar 181 PS. Auch nach heutigen Maßstäben ist man damit noch schnell unterwegs, die Beschleunigung ist beeindruckend. Völlig ohne moderne Fahrassistenz-Systeme ausgestattet, sollte man allerdings auf der Hut sein: Bei nasser Fahrbahn und flotter Fahrt kann das Heck zum Ausbrechen tendieren. Trotzdem bieten diese Wagen unglaublich viel Fahrspaß, sie lassen sich geschmeidig und schnell bewegen und die Qualitätsanmutung überzeugt auch Anspruchsvolle.

325e (1985-1987; ab 1986: Leistungssteigerung)

Viertürer sind oft weniger gesucht als Zweitürer:
Prüfen Sie Türen und Schlösser.

Markante Zeichen des Facelift von 1987: Kunststoff-Stoßstangen und tiefere Frontschürze. Scheinwerfer-Reinigungsanlage gehört zur Sonderausstattung.

Die „eta"-Version war die Antwort auf gestiegene Treibstoffpreise. Basierend auf dem 325i galt der 325e als Spritsparmodell. Zahme Steuerzeiten, ein überarbeiteter Zylinderkopf und andere Kniffe bewirkten einen sehr günstigen Verbrauch. Um die reduzierte Leistung etwas wettzumachen, wurde der Hubraum auf 2,7 Liter erhöht. Aus Marketinggründen und weil die Leistung nur bei 121 PS lag, wurde aber die Bezeichnung 325 beibehalten. Das Ergebnis konnte sich sehen lassen: Gute Fahrleistungen bei einem Verbrauch von rund 6 Litern auf 100 km. Das Triebwerk wurde auch in der 5er-Baureihe als 525e angeboten. Da einige Komponenten baugleich in anderen Modellen verwendet wurden, ist die Ersatzteilsituation trotz geringer Stückzahlen noch immer gut.

Die Leistungsausbeute ist mit der des 320i vergleichbar, jedoch bietet der 325e bei niedrigeren Drehzahlen mehr Drehmoment und lässt sich niedertourig fahren. Die maximale Drehzahl von 4800/min erinnert an einen Diesel, steht aber auch für Langlebigkeit. Er läuft leise, sanft und bietet entspannten Fahrgenuss.

325ix (1988-1991)

Die ix-Allradmodelle gelten als technische Besonderheiten in der BMW-Palette. An ein eigens entwickeltes Getriebegehäuse wurde ein Verteilergetriebe angeflanscht. Ein vorderes Differenzial wurde an einen neu konstruierten Vorderachsträger montiert, die rechtsseitig geführte Welle verfügte in ihrem Hüllrohr über einen eigenen Ölsumpf. Um dem Allradantrieb gerecht zu werden, musste die Fahrwerksgeometrie verändert werden. Die Veränderungen an der Vorderachse machten wiederum eine breitere Spur notwendig, wodurch diese Fahrzeuge etwas von ihrem ursprünglichen Handling verloren. Die Tendenz zum Untersteuern nahm etwas zu und die Lenkung war weniger direkt als bei den Heckantriebsversionen. Die ix-Modelle waren mit Blick auf den skandinavischen Markt entwickelt worden, auch noch heute können sie auf Schnee und Eis überzeugen, vorausgesetzt die richtigen Reifen sind montiert. Inzwischen gibt es die ersten Engpässe bei Ersatzteilen des Antriebsstrangs.

316i/318i (1987-1991)

Ab 1987 wurde aus dem 316 der 316i. Zum Einsatz kam jetzt der modernere M40-Vierzylindermotor mit mehr Leistung. Ab dieser Zeit stimmten die Modellbezeichnungen auch mit den technischen Realitäten überein: Der 316i hatte nun 1,6 Liter Hubraum und der 318i verfügte über 1,8 Liter. Optisches Erkennungsmerkmal dieser Facelift-Modelle sind die Kunststoffstoßstangen und die tiefer heruntergezogene Frontschürze.

Spätere Vierzylinder-Modelle bieten gute Fahrleistungen bei geringem Verbrauch.

318is (1989-1991)

Im 318is kam erstmals der neue M42-Motor mit doppelten obenliegenden Nockenwellen zum Einsatz. Dieses Triebwerk sollte später im E36 der Standardantrieb werden. Er verfügte über mehr Leistung als sein Vorgänger, der 318i, generierte aber bei niedrigen Drehzahlen weniger Drehmoment. Er bietet sportliche Fahrleistungen und, obwohl nur geringe Stückzahlen im E30 verbaut wurden, ist die Ersatzteil-Situation dank der vielen E36-Modelle mit dem gleichen Antrieb heute hervorragend.

324d/td 1985-1991 (ab 1987: Facelift)

Mit diesen Fahrzeugen begann bei BMW die Diesel-Serienproduktion. Basierend auf dem 325i bot der 324d nur bescheidene Fahrleistungen, bei zugegeben geringem Verbrauch. Das Basismodell ohne Aufladung war leistungsmäßig mit dem 316 vergleichbar, sparsame Fahrer erreichten Verbrauchswerte um die 5 Liter. Die aufgeladene Version hatte deutlich mehr Leistung zu bieten, vergleichbar in etwa mit einem 318i bei nur unwesentlich höherem Verbrauch gegenüber dem 324d. Beide Triebwerke gelten als robust und langlebig, allerdings nach heutigen Maßstäben auch als laut mit Tendenz zur Unkultiviertheit. Sie sind, was die Treibstoffqualität angeht, recht unempfindlich, sie könnten also besonders für Vielfahrer interessant sein. Export-Aufkäufer und Fahrverbote haben aber die Bestände hierzulande stark schrumpfen lassen.

Touring (1987-1994)

Die Touring-Ausführung ist eine nützliche und praktische Alternative. Ursprünglich auf dem 325i basierend, wurde der Touring später auch mit dem M40-Antrieb aus dem 318i angeboten, auch eine Allrad-Version namens 325ix Touring konnte bestellt werden.

Die Kombiversion ist ebenso lang wie die Standardversion, das Ladevolumen ist hingegen erstaunlich groß, besonders wenn die Rücksitzbank umgeklappt wird. Große und sperrige Gegenstände können damit mühelos transportiert werden. Als letzte E30-Version wurde der Touring noch drei Jahre nach Einführung der E36-Limousine weiter angeboten. Die letzten Modelle wurden erst im Januar 1996 abverkauft. Touring-Modelle sind damit die jüngsten E30-Fahrzeuge, die Sie auf dem Gebrauchtwagenmarkt finden können.

Baur Cabriolet und BMW Cabriolet (1983-1992)

Das Baur-Cabrio ist eine weitere seltene E30-Variante. Die Stuttgarter Karosserie-Firma entwickelte und baute dieses Modell auf Basis zweitüriger Rohkarossen. Die Türen und Seitenscheiben wurden beibehalten und die B-Säulen wurden mit einer Art Überrollbügel versteift. Durch Öffnen des Stoffverdecks konnte man das Dach und den Heckscheibenbereich freilegen und zusammen mit heruntergelassenen Seitenscheiben stellte sich ein durchaus Cabrio-ähnliches Frischluftvergnügen ein. Ab 1983 angeboten, wurden diese Fahrzeuge über das BMW-Händlernetz verkauft.

Zeitlos schön: das werksseitig bügellose 3er-Cabrio. (Foto: BMW AG)

Zwei Jahre später stellte BMW ein eigenes, bügelloses Cabrio-Modell mit voll versenkbarem Verdeck vor. Die erforderliche Karosseriesteifigkeit wurde durch Verstärkungen in den Schwellern und einen stabileren Unterboden erreicht. Diese Maßnahmen und die Verdeckmechanik hatten allerdings gewichtige Folgen: Das Cabrio brachte rund 125 kg mehr auf die Waage als vergleichbare geschlossene Modelle. Das zusätzliche Gewicht ist glücklicherweise beim Fahren kaum zu spüren und die offene Version bietet im Sommer ein ganz besonderes Erlebnis.

M3 1986-1991

Der M3 ist zweifellos das absolute Spitzenmodell der E30-Baureihe. Obwohl im Grunde die gleiche Rohkarosse wie bei den serienmäßigen E30-Zweitürern verwendet wurde, ist doch fast jedes äußere Blechteil anders, nur Dach und Motorhaube wurden unverändert übernommen. Die breitere Spur machte besondere, ausgestellte Kotflügel notwendig, ein unverwechselbares M3-Merkmal mit hohem Wiedererkennungswert. Die hohen Geschwindigkeiten machten aerodynamische Verbesserungen notwendig, so wurde die Heckscheibe flacher gestellt, dafür mussten die C-Säulen verlängert werden. Der Kofferraum wurde mit einem großen markanten Heckspoiler ausgestattet, um bei hohen Geschwindigkeiten für genügend Anpressdruck zu sorgen. Schwellerverbreiterungen sollten am Unterboden für verbesserte Aerodynamik sorgen und die breiten Kotflügel optisch integrieren. Ein aerodynamisch auf den Heckflügel abgestimmter Frontspoiler rundete den sportlichen Auftritt perfekt ab. Beim Kauf eines M3 sollten Sie unbedingt darauf achten, dass alle Karosserieteile im Originalzustand vorhanden sind, Ersatz kann extrem teuer werden.

Der M3 ist in jeder Hinsicht eine Ausnahmeerscheinung: technisch wie optisch. Viele halten den Ur-M3 für den besten der 3er-Baureihe.

Die Konstruktion der Vorderachse ähnelt jener der 5er-Baureihe E34, deren Teile sind aber nicht mit denen des M3 kompatibel. Um die Stabilität und das Lenkungs-Feedback zu verbessern, wurden die Kugelgelenke der Vorderachse nach vorne verlegt, um den Nachlauf-Winkel zu vergrößern. Durch diese und andere Veränderungen am Fahrwerk hat der M3 einen um 5 mm kürzeren Radstand als die anderen Modelle der Baureihe. Ein weiterer Unterschied ist die Radbefestigung mit fünf Radbolzen, ähnlich wie beim 5er, statt der normalen vier Bolzen.

Die M-GmbH entschied sich bei der Entwicklung dieses Homologations-Modells bewusst für die Verwendung des M10-Vierzylindertriebwerks. Auf der Rennstrecke waren schnelle Rundenzeiten dank hervorragendem Kurvenverhalten und tieferem Schwerpunkt das Resul-

tat. Der ursprüngliche Hubraum des S14-Triebwerks lag bei 2,3 Litern, woraus die Ingenieure eine Leistung von 195 bis 215 PS zauberten. Das Modell Sport Evolution (Evolution III) brachte es dann auf 2,5 Liter und 238 PS. Der Zylinderkopf verfügte über 16 Ventile in einer ähnlichen Konstruktionsweise wie im M88-Sechszylindermotor und bezog das Kraftstoff-Luft-Gemisch über vier getrennte Ansaugstutzen.
Karosserieteile werden langsam rar, dadurch befinden sich viele M3 heute nicht mehr im absoluten Originalzustand. Außerdem erlagen nicht wenige Zeitgenossen dem Drang nach noch mehr Leistung und modifizierten ihre Fahrzeuge entsprechend. Wenn Ihnen also Originalität wichtig ist, sollten Sie Ihren potenziellen M3 vor dem Kauf sehr genau unter die Lupe nehmen. Originale Ersatzteile sind sehr schwer zu finden, insbesondere Motorteile und anstehende Reparaturen können überaus kostenintensiv sein.
Die straffere Federung bietet trotzdem noch halbwegs komfortable Fahreigenschaften, die direkte Lenkung hat eine verringerte Übersetzung, kurze und knappe Lenkbefehle genügen auf kurvenreicher Strecke und vermitteln echtes Rennsport-Feeling.

Weitere Modelle

Vorsicht bei Umbauten: Nicht immer wurden die Modifikationen fachmännisch durchgeführt.

Zusätzlich zu den bereits genannten Modellen offerierte BMW zahlreiche Sondermodelle. Für die meisten E30 war eine „Sport"-Option lieferbar, mit strafferem Fahrwerk und verbesserter Ausstattung. Die „Shadow-Line" verfügte über Stoßfänger in Wagenfarbe und geschwärzte Chromteile. „M Technic Sport"-Versionen waren mit einem verbesserten Fahrwerk und optionalen Recaro-Sitzen ausgestattet. Viele weitere Varianten wurden angeboten, zusätzlich boten auch einige große BMW-Händler eigene Sondermodelle mit unterschiedlichen Ausstattungen an. Nicht selten haben Vorbesitzer ihren 3er zum Sondermodell umgerüstet; vor dem Kauf sollte man die Unterlagen sehr genau prüfen. Einige dieser Sondermodelle können preislich bis zu 20 Prozent über den Fahrzeugen mit regulärer Ausstattung liegen.
BMW produzierte auch spezielle Ausführungen für bestimmte Auslandsmärkte, in Italien und Portugal wurde zum Beispiel ein 320i mit Vierzylindermotor angeboten. Nach Südafrika wurde ein Sechszylinder namens 333i geliefert, und ebenso ein 327i mit 210 PS. Ab und zu tauchen solche Fahrzeuge auf dem Markt auf.
Der exklusive Hersteller Alpina bot zahlreiche Modelle an, die auf der E30-Baureihe basierten. Diese als C1, C2, B3 und B6 bezeichneten Modelle waren auch als Cabrio und mit Allradantrieb lieferbar und verfügten über Hubräume von 2,3 bis 3,5 Litern. Obwohl diese Fahrzeuge auf BMW-Konstruktionen basierten, hatten sie eigens entwickelte Fahrwerkskomponenten, Antriebsstränge, Innenausstattungen und Anbauteile und wurden bei Alpina in Buchloe gefertigt. Der Fahrzeugbrief wies als Hersteller die Firma Alpina aus, damit handelt es sich bei diesen Modellen strenggenommen um Fahrzeuge eines anderen Herstellers. Dennoch treffen viele Informationen aus diesem Buch auch auf die Alpinas zu.

5 Vor der ersten Inaugenscheinnahme

Im Folgenden geben wir Ihnen ein paar Tipps zu den Fakten, die geklärt werden sollten, bevor Sie sich auf den Weg zu einem potenziellen Kaufobjekt machen. Einiges erscheint vielleicht selbstverständlich. Aber allzu häufig vergisst man genau diese Dinge in der Aufregung, womöglich ein Schnäppchen im Internet oder im Anzeigenteil einer Oldtimer-Zeitschrift gefunden zu haben. Als erste Regel gilt, sich zunächst einen Überblick über marktübliche Preise zu verschaffen. Dabei helfen Fachmagazine (z.B. *Oldtimer Markt*) oder jährlich erscheinende Markt-Führer (z.B. *Oldtimer Katalog*, erscheint im HEEL Verlag). Wenn Sie dann noch die folgenden Ratschläge befolgen, werden Sie zumindest nicht bei der ersten Besichtigung eines BMW 3er E30 Ihrer Wahl enttäuscht sein.
Bevor Sie also eine lange Anreise in Kauf nehmen, sollten Sie sich einige wichtige Fragen überlegen, um diese Punkte bei einem Telefonat mit dem Anbieter zu klären.

Wo steht der E30?

Wie bei jedem Autokauf sollte man auch auf der Suche nach einem 3er abwägen, ob sich 400, 500 Kilometer Anreise zu einer möglicherweise erfolglosen Besichtigung lohnen. Lieber zunächst ein paar Exemplare in der näheren Umgebung anschauen. Auf diese Weise lernt man erstens eine Menge mit wenig Zeiteinsatz, und zweitens ist ja vielleicht hier schon ein schönes Fahrzeug zu bekommen.

Händler oder Privatverkäufer?

Die Gesetzgebung – Stichwort Gewährleistung – hat dafür gesorgt, dass nur noch sehr wenige Klassiker bei anderen als auf diese Fahrzeugkategorie spezialisierten Händlern angeboten werden. Diese lassen sich ihr Risiko meist gut bezahlen. Trotzdem lohnt sich genau aus diesem Grund für den Käufer immer der Gang zu einem gewerblichen Händler. Beim Privatverkäufer – bei dem es weder Garantie noch Gewährleistung gibt – sollte nur vorstellig werden, wer ein Auto wirklich gut beurteilen kann. Aber: Ein privater Verkäufer hat neben dem meist geringeren Preis außerdem oft den Vorteil, dass er sich mit dem Lebenslauf des betreffenden Fahrzeugs besser auskennt.

Kosten der Überführung

Wer nicht das Glück hat, auf einen Anhänger bzw. ein Überführungskennzeichen zugreifen zu können, sollte sich bereits vor dem Kauf über die Kosten des Transports im Klaren sein. Wenn das Fahrzeug noch zugelassen ist und einen gültigen HU-Nachweis hat, kann man sich mit dem Verkäufer möglicherweise auf die Überführung vor der Abmeldung einigen. Oder man lässt sich die Papiere schicken und reist mit neuem Kennzeichen zum Abholtermin.

Besichtigung – wann und wo?

Soweit möglich, sollte ein Kaufkandidat immer bei Tageslicht und gutem Wetter begutachtet werden. Im Dunkeln oder im Regen übersieht man zu leicht kleinere Mängel. Sehr hilfreich ist, wenn zur Besichtigung eine Hebebühne aufgesucht werden kann.

Was ist der Grund für den Verkauf?

Ein gut erhaltener 3er ist eigentlich stets ein Liebhaberfahrzeug. Also muss die Frage gestellt werden, warum der jetzige Besitzer das Auto überhaupt verkauft. Eine wenig schlüssige Antwort auf diese Frage sollte ebenso misstrauisch machen, wie ein vom letzten Eintrag im Fahrzeugbrief abweichender Verkäufer. Wenn sich das noch feststellen lässt, kann auch die Anzahl der Vorbesitzer – und möglicherweise häufige Wechsel in letzter Zeit – ein Alarmsignal sein.

Allgemeiner Zustand

Kann der jetzige Besitzer noch etwas über den Zustand des Fahrzeuges sagen, was über den Anzeigentext hinausgeht? Hat er noch zusätzliche Fotos? Versuchen Sie außerdem, einige der in Kapitel 7 genannten Punkte schon vor der Besichtigung zu klären.

Original oder getunt?

Fahrzeuge im Originalzustand sind die gesuchtesten und teuersten. Wenn Vorbesitzer mehr oder weniger umfangreich in die Technik und die Optik eingegriffen haben, muss man sich die Frage stellen, ob man mit einem getunten Fahrzeug kein Problem hat. Dieser Punkt ist allerdings extrem kritisch, und das gleich aus mehreren Gründen. Sind die technischen Änderungen von einem Profi oder in Eigenarbeit durchgeführt worden? Lassen Sie sich dazu unbedingt Belege (z. B. Werkstattrechnungen) zeigen. Daran schließt sich die Frage an, ob alle technischen Änderungen in den Fahrzeugpapieren eingetragen sind. Ohne entsprechende Eintragungen bekommen Sie spätestens bei der nächsten Polizeikontrolle oder der nächsten HU ernsthafte Probleme.

Stimmen die Fahrzeugdaten?

Es sollte selbstverständlich sein, aber Kontrolle ist immer besser als Nachsicht. Nur die richtige 17-stellige Identnummer ist ein zuverlässiger Identitätsnachweis eines E30. Fragen Sie den Verkäufer vorab, ob der angebotene 3er frei von den Ansprüchen Dritter (z. B. einer Bank) ist. Überprüfen Sie im Zweifelsfall auch, ob das Auto legal verkauft wird. Mit Hilfe der Fahrgestellnummer kann über die Zulassungsstelle angefragt werden, ob das Fahrzeug als gestohlen gemeldet ist.

„Bio"-Sprit

Bei Fragen zur Verwendung des so genannten Bio-Sprits E10 sollten bei BMW die gerade aktuellen Empfehlungen abgefragt werden.
Das Thema Umweltplakette, mit der sich bekanntlich immer mehr Städte gegen Fahrzeuge mit hohen Abgaswerten abschotten, ist bei Fahrzeugen mit H-Kennzeichen nicht relevant, da alle Modelle dieser Baujahre keine Plakette benötigen.

Versicherung

Vergleichen Sie vorher unbedingt die Prämien unterschiedlicher Anbieter. Hilfreich ist, wenn Sie bereits ein zweites Fahrzeug mit günstigem Schadensrabatt besitzen. Möglicherweise erlaubt Ihre Versicherung, die Einstufungen zu tauschen (teure Einstufung in niedrige Schadenfreiheitsklasse) oder auf einer niedrigeren Stufe einzusteigen.

Wie kann ich bezahlen?

Die meisten Privatverkäufer werden auf Barzahlung bestehen. Klären Sie deshalb vorab mit Ihrer Bank, wie Sie an mehrere tausend Euro Bargeld herankommen. Über den Geldautomaten geht das oft nicht, zumindest nicht innerhalb eines Tages. Ist der Verkäufer Händler, können Sie normalerweise bequem und sicher per Überweisung bezahlen. Vorsicht, wenn sich ein kommerzieller Händler darauf nicht einlassen will!

Kaufen auf einer Versteigerung?

Wenn Sie sich mit diesem Gedanken tragen, lesen Sie Kapitel 10 für entsprechende Tipps. Wir müssen hoffentlich nicht darauf hinweisen, dass man ein Auto nicht im Internet ersteigern sollte, wenn man es sich nicht vorher angeschaut hat.

Professionelle Überprüfung des Fahrzeuges

Wenn Sie selbst – oder ein Bekannter – nicht das Fachwissen haben, sollten Sie sich professionellen Rat für die Besichtigung holen. Gegen eine Gebühr kontrollieren z. B. TÜV, Dekra, ADAC oder auch eine beliebige Werkstatt jedes Auto.

Sie sollten das Fahrzeug von allen Seiten inspizieren können. Informieren Sie sich im Vorfeld, damit Sie wissen, worauf man achten muss.

6 Inspektionsausrüstung

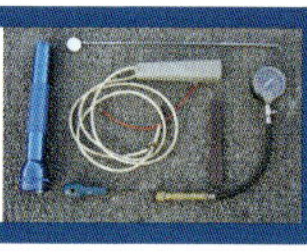

- **Dieses Buch**
- **Lesebrille (falls Sie eine benötigen)**
- **Magnet (ein schwacher reicht aus)**
- **Taschenlampe**
- **Kleiner Schraubendreher**
- **Mechanikeroverall**
- **Spiegel mit verlängerter Halterung**
- **Digitalkamera**
- **Einen Freund, möglichst einen mit Fachwissen**

Bevor Sie sich auf den Weg zu einer Probefahrt machen, sollten Sie eine kleine Ausrüstung zusammenstellen, die bei der Besichtigung hilfreich sein wird. Haben Sie keine Scheu, den anvisierten 3er-BMW gründlich zu untersuchen. Der Verkäufer soll ruhig sehen, dass Sie vorbereitet sind.

Vielleicht das wichtigste Hilfsmittel ist dieses Buch und die darin enthaltenen Checklisten. Vergessen Sie auf keinen Fall Ihre Lesebrille, sofern Sie eine benötigen, um etwas aus nächster Nähe zu inspizieren.

Ein Magnet entlarvt jeden Blender, dessen Karosserie zu weiten Teilen aus Spachtel be-

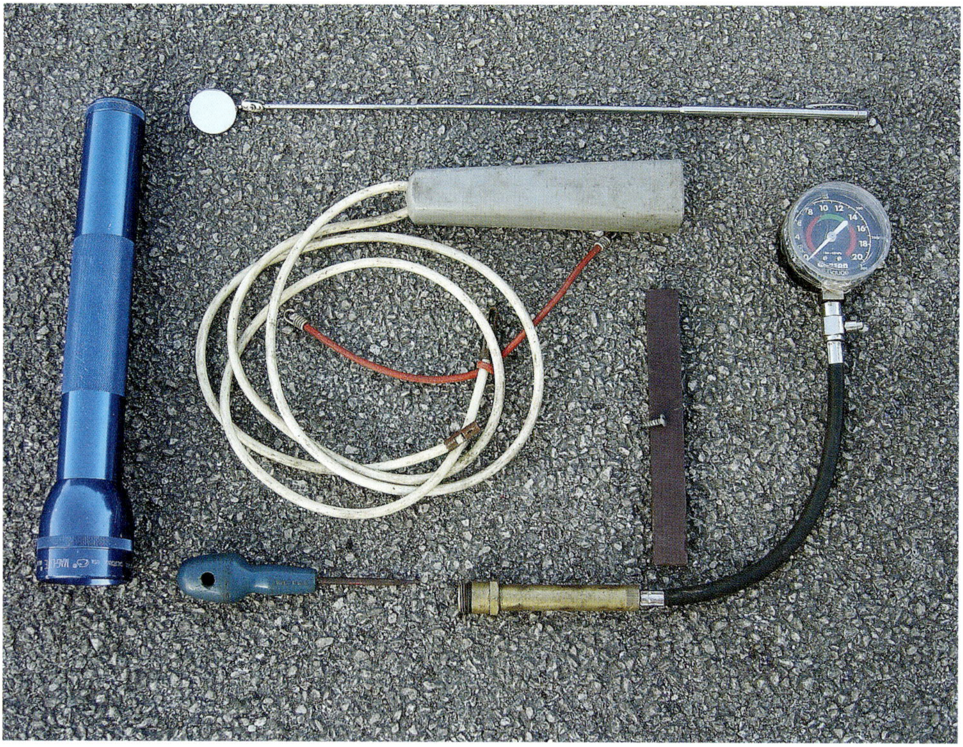

steht. Nur wo blankes Blech unter dem Lack liegt, bleibt der Magnet haften. (Vorsicht! Bei diesem Test nicht den Lack zerkratzen!) Dazu sollten Sie zunächst den jetzigen Besitzer nach reparierten Schäden fragen. Zumindest eine dünne Schicht Füllspachtel gehört nun einmal zu den meisten Karosseriereparaturen, auch einer professionellen. Das Fahrzeug sollte allerdings nur kleinflächige Spachtelungen aufweisen. Große Schäden werden vom Profi durch eingeschweißte Bleche behoben. Es spricht nichts gegen eine professionell ausgeführte Restaurierung. Allerdings sollte der Verkäufer mit offenen Karten spielen und diesen Umstand nicht verheimlichen.

Eine Taschenlampe bringt Licht in alle dunklen Bereiche eines Autos, und davon gibt's eine ganze Menge: Radhäuser, Fahrwerk, Unterboden, Motorraum und der Raum unter dem Armaturenbrett, um nur einige zu nennen.

Testen Sie mit einem kleinen Schraubendreher – aber vorsichtig! – verdächtig aussehende Bereiche des Unterbodens und der Karosserie um die Radhäuser herum. Auf diese Weise lassen sich möglicherweise unter dem Unterbodenschutz verborgene Durchrostungen finden. Wenn der Verkäufer Sie von dieser Untersuchung abhalten will, sollten Sie die Besichtigung abbrechen. Mit hoher Wahrscheinlichkeit wird nämlich der Prüfer bei der nächsten HU genau auf diese Weise kritische Stellen kontrollieren.

Speziell wenn keine Möglichkeit besteht, das Auto auf eine Hebebühne zu fahren, sollten Sie sich darauf vorbereiten, sich auf den Boden zu legen. Nehmen Sie deshalb einen Mechanikeroverall mit, den Sie über die normale Kleidung ziehen können. Genau in diesem Fall ist auch ein kleiner Spiegel hilfreich, der entweder auf einer kleinen Teleskopstange oder am Ende eines Stocks befestigt ist. Mit seiner Hilfe können Sie unter dem Auto – oder im Motorraum – Bereiche von Fahrwerk und Auspuff kontrollieren, die vor einem Blick verborgen sind.

Fotografieren Sie Teile bzw. Fahrzeugkomponenten, bei denen Sie sich nicht sicher sind. So können Sie später in aller Ruhe in Büchern oder bei Experten zusätzlichen Rat einholen. Überhaupt ist es ratsam, einen Freund zur Probefahrt mitzunehmen, idealerweise einen mit Mechanikerkenntnissen. Eine zweite Meinung – die mangels eigenem Interesse vielleicht sogar objektiver ist als Ihre eigene – ist bei einem Autokauf nie schädlich.

Exterieur

• Die Stoßstangenhalter könnten verrostet oder beschädigt sein, prüfen Sie also, ob die Stoßstangen noch fest sitzen und ob sie vielleicht bereits schon mal abgebaut wurden. Prüfen Sie auch die Chromleisten, blüht hier an einigen kleinen Stellen schon der Rost, könnte es darunter noch viel schlimmer aussehen.

• Sehen Sie sich die Schwellerspitzen und die Übergänge zum Unterboden an. Mit einem kleinen Schraubendreher können Sie vorsichtig testen, ob unter dem Unterbodenschutz bereits der Rost gewütet hat. Versuchen Sie, die Schweller und die Radläufe mit den Händen nach innen umzubiegen, fühlt sich das Metall mürbe oder weich an, deutet das auf Korrosionsschäden hin.

• Der Rahmen der Windschutzscheibe könnte von innen rosten. Prüfen Sie besonders die unteren Ecken, indem Sie mit den Fingern vorsichtig dagegen drücken.

• Sehen Sie sich die Lackierung genau an. Ist der Farbauftrag original oder wurde bereits nachlackiert? Öffnen Sie die Motorhaube und suchen Sie nach anderen Farbtönen oder Farbnebel auf Motor- oder Anbauteilen. Mit einem schwachen Magneten lässt sich leicht feststellen, ob Blechschäden mit Spachtel ausgebessert wurden.

• Die Spaltmaße an Türen und Hauben sollten rundum gleichmäßig sein. Achten Sie auch auf kleine Abplatzer im Lack, die von hängenden Türen oder nicht passgenau montierten Anbauteilen herrühren könnten.

• Sind die vorderen Scheinwerfer milchig oder trüb, hilft oft nur der Austausch. Auch die Scheinwerferbefestigungen sollten Sie inspizieren. Sind sie rostig oder vergammelt, könnte es schwierig werden, die Scheinwerfer korrekt einzustellen.

Die Scheinwerfer sollten funktionieren und nicht beschlagen sein. Werfen Sie einen Blick auf den Zustand des Kühlers und der Stoßstangen.

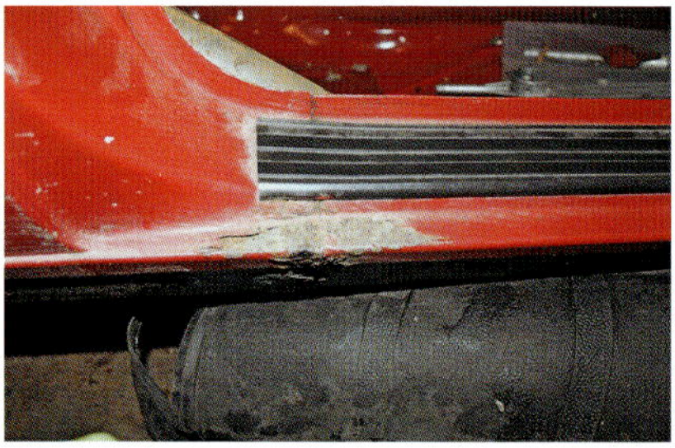

Türunterkanten, Türecken und Schweller sind am häufigsten von Rost befallen.

Etwas weißlicher Rauch beim Kaltstart im Winter ist normal. Grauer oder bläulicher Rauch deutet hingegen auf Verschleiß hin. Im Bereich um die Heckleuchten, rund um das Kofferraumschloss und im Kofferraum selbst könnte Rost zu finden sein.

Das äußere Erscheinungsbild

• Am stärksten beansprucht ist der Fahrersitz und hier natürlich die linke Sitzwange. Ist der Sitz sehr verschlissen oder durchgesessen, deutet das auf eine hohe Kilometerleistung hin.

• Sind die Innenteppiche am Fahrzeugboden nass oder feucht, könnten Rost oder Karosserie-Undichtigkeiten die Ursache sein.

• Wollen Sie sich ein Sammlerstück zulegen, sollten Sie größten Wert auf die Original-Ausstattung legen. Ein verändertes Fahrzeug wieder in den Original-Zustand zu versetzen, könnte schwierig und teuer werden.

• Viele Beschädigungen in Leder, Stoff und Kunststoff lassen sich heutzutage sehr gut reparieren. Für wirklich perfekte Ergebnisse ist allerdings Profi-Arbeit gefragt.

• Sicherheitsgurte: Ziehen Sie alle Gurte aus den Aufrollern heraus. Sind die Gurte beschädigt, müssen sie aus Sicherheitsgründen ausgewechselt werden. Prüfen Sie auch, ob die Gurtschlösser korrekt einrasten und öffnen.

Alle Schalter sollten funktionieren, achten Sie auf die Funktionsfähigkeit aller Anzeigen und Instrumente.

Die Innenausstattung sollte nicht zu stark verschlissen sein, da Ersatz teuer und rar ist.

• Die elektrischen Fensterheber sollten die Seitenscheiben einwandfrei und gleichmäßig hoch und wieder herunter bewegen.

• Die Sitz- und Lehnenverstellung sollte leichtgängig und in allen Richtungen funktionieren. Achten Sie besonders auf den Fahrersitz, da dieser meist am stärksten beansprucht wird.

• Alle Schlösser und Entriegelungen sollten in Ordnung sein. Im Alltag wird oft nur die Zentralverriegelung aktiviert, prüfen Sie daher auch alle Schlösser mit allen Schlüsseln.

• Machen Sie einen Funktions-Check aller Schalter wie Licht, Blinker, Hupe usw. Prüfen Sie auch die Heizung und das Gebläse sowie die Scheibenwischer und die Heckscheibenheizung.

Die Mechanik

• Ein frisch dampfgestrahlter Motorraum ist verdächtig, manche Verkäufer versuchen dadurch, Undichtigkeiten zu kaschieren. Achten Sie auf Ölverlust sowie korrodierte Metall- und Aluminiumteile.

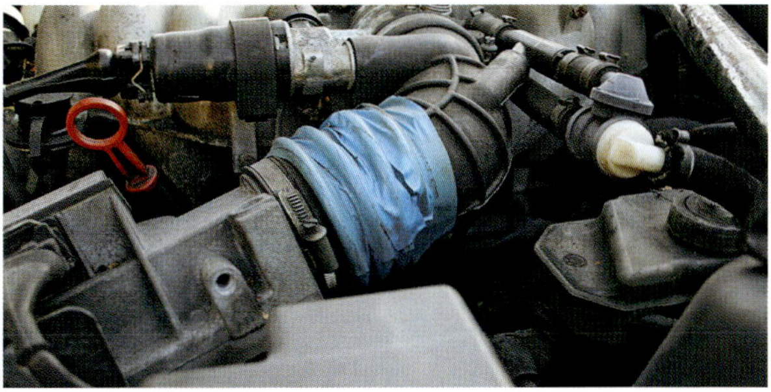

Beschädigte, notdürftig geflickte und abgeknickte Schläuche und Leitungen im Motorraum sagen viel über den Vorbesitzer aus. Checken Sie die Stände aller Flüssigkeiten. Klappergeräusche des Motors sind ein schlechtes Zeichen.

• Alle Flüssigkeitsstände sollten zwischen Minimum und Maximum liegen, das Öl sollte eine goldene bis honigbraune Farbe haben. Schwarzes oder verbrannt riechendes Öl ist ein schlechtes Zeichen. Wenn Sie den Öleinfülldeckel auf dem Zylinderkopf abnehmen, und ein Farbton zwischen Oliv und Gold sichtbar ist, ist alles in Ordnung. Schwarzer Ölschlamm oder eine weißliche Masse deuten dagegen auf vernachlässigte bzw. defekte Triebwerke hin.

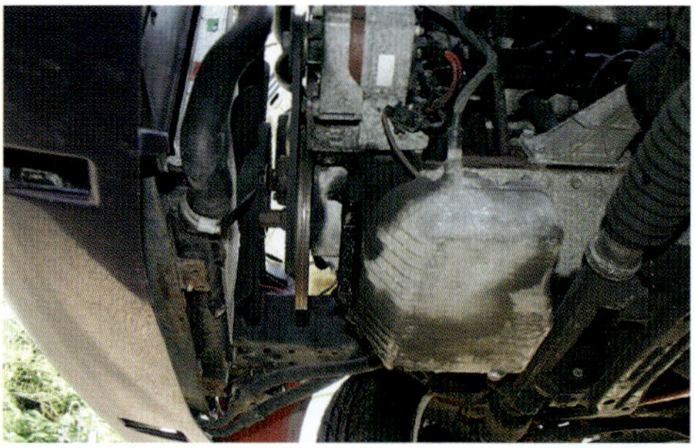

Wenn möglich, schauen Sie sich den Motor auch von unten an: An diesem Fahrzeug ist der Ölverlust gut zu erkennen. Ist der Motor zu feucht, kann es bei der Hauptuntersuchung Probleme geben.

• Damit Sie sichergehen, dass das Fahrzeug auch kalt gut startet, sollte der Motor nicht bereits vor der Probefahrt warmgefahren sein. Prüfen Sie (vorsichtig!) mit der Hand am Zylinderkopf, ob der Verkäufer bereits eine Aufwärmrunde gedreht hat.

• Gummiteile im Motorraum beginnen nach rund zehn Jahren zu altern. Dieses Material wird unter anderem für den Ölkreislauf, die Kraftstoffleitungen und den Kühlmittelkreislauf verwendet. Achten Sie also besonders auf den Zustand aller Schläuche und Dichtungen.

• Austretende Batteriesäure könnte den Batteriekasten und umliegende Karosserieteile angegriffen haben, Rost wäre die Folge.

Bei voll eingeschlagenem Lenkrad wird der Blick auf die Vorderachse frei. Die Spurstangenköpfe sollten kein Spiel haben.

• Oft lässt sich der Zustand der Bremsscheiben durch einen Blick durch das Rad erkennen. Bei dieser Gelegenheit sollten Sie auch die Spurstangen auf Spiel prüfen. Verschlissene Stoßdämpfer kann man erkennen, indem man das Fahrzeug an den Ecken zwei- bis dreimal kräftig nach unten drückt. Wippt der Wagen mehrmals auffällig nach, müssen die Stoßdämpfer wahrscheinlich erneuert werden. Eine Probefahrt wird genaueren Aufschluss geben.

• Einen Hinweis auf den Zustand der Radlager und der Radaufhängung bekommt man, indem man das Fahrzeug sicher aufbockt und das Rad an der Oberseite greift und kräftig daran rüttelt. Ist hier Spiel spürbar, müssen Sie mit Reparaturen an der Achse rechnen.

• Mit dem Zündschlüssel auf Position 1 ist das Lenkradschloss entriegelt. Drehen Sie das Lenkrad kräftig hin und her. Es sollte kein Spiel zu spüren sein. Klappernde Geräusche könnten auf eine defekte Lenkung hinweisen.

Beim Blick durch die Radspeichen sollten auf den Bremsscheiben keine Riefen zu sehen sein. Etwas Flugrost bei wenig benutzen Fahrzeugen ist dagegen normal.

8 Problemstellen

Seitenansicht: Radläufe, Schweller, der Bereich um die Scheinwerfer, Türdichtungen, Reifen und Felgen, Fensterdichtungen, Außenspiegel, Zierleisten, Chromteile, Tankklappe, Schlösser, Bremsleitungen, Bremsen, Stoßdämpfer und Federn

Fahrzeugfront: Steinschläge auf der Motorhaube, Rost, Scheibenwischer, Scheibenrahmen, Frontscheinwerfer, Blinker, Kühlergrill, Befestigung der Stoßstange, Abschlepp-Öse mit Abdeckung

Fahrzeugheck: Befestigung des Auspuffs, BMW-Emblem, Heckleuchten, Nummernschild-Beleuchtung, Rost, Schloss der Heckklappe, Kofferraumdichtung, Ersatzrad, Werkzeugsatz, Chromteile

Im Motorraum: Motorhauben-Entriegelung, Batteriekasten, Batterie, Massekabel, Gaszug, Einlassgummis, Kraftstoffleitungen, Kühler, Ventilator, Keilriemen, Domlager, Motorlagerung, Lenkung, alle Flüssigkeits-Stände, allgemeiner Eindruck, Ablagerungen am Öleinfülldeckel, Servicezettel (Ölwechsel, Zahnriemen), Undichtigkeiten, Sicherungskasten und Verkabelung

Innenraum: Sicherheitsgurte, Sitzverstellung, Anzeigen und Displays, Dachhimmel, Handbremse, Pedale, Lenkrad, Schalter, Heizung und Gebläse, Spiel am Schalthebel, Innenspiegel und Sonnenblenden, Motorhauben-Entriegelung, Teppiche und Türverkleidungen

Unterseite: Rost an Schwellern und Fahrzeugboden, Auspuffanlage, Fahrwerksbuchsen, Hilfsrahmen, Lager der Kardanwelle, Hardyscheiben, Lenkungsteile, Antriebswellen

9 Realistische Bewertung

Vergeben Sie in den entsprechenden Kategorien je nach Zustand die entsprechende Punktzahl (1–4), während Sie den Wagen untersuchen. Dabei bedeutet:

++(4 Punkte) perfekter Zustand
+ (3 Punkte) nahezu perfekter Zustand
o (2 Punkte) restaurierungs- bzw. reparaturbedürftiger Zustand
– (1 Punkt) schwere Mängel

Die Auswertung der Gesamtpunktzahl wird am Ende des Kapitels erklärt. Seien Sie bei der Beurteilung realistisch!
Benutzen Sie einen Magnet, um Spachtelstellen ausfindig zu machen.

Exterieur

++ + o –

Lackierung

4 3 2 1

Nehmen Sie das Auto genau unter die Lupe. Im Abstand von nur wenigen Zentimetern kann man Unregelmäßigkeiten im Lack am Besten erkennen. Achten Sie auf Beschädigungen, Farbnebel, Kratzer und unterschiedliche Farbtöne. Vergessen Sie auch nicht den Motorraum und den Kofferraum.

Spiegeleffekt: Beim seitlichen Blick auf die Karosserie zeigen Reflektionen, ob der Lack wellig oder ausgebessert ist.

++ + o –

Blechteile/Karosserie

4 3 2 1

Bis auf wenige Ausnahmen hat die Baureihe E30 eigentlich kein großes Rostproblem. Besonders Exemplare, die hauptsächlich in der Garage standen und Facelift-Vertreter zeigen sich hier völlig problemlos. Frühe Limousinen- und Touring-Exemplare sowie frühe M3 sind hingegen anfälliger für Korrrosion.

Mit einem schwachen Magneten lassen sich großflächige Spachtel- und Füllerflächen leicht entdecken. Rost ist besonders an den vier Ecken des Unterbodens zu finden, werfen Sie dazu auch einen Blick unter die Teppiche und prüfen Sie, ob Feuchtigkeit vorhanden ist. Leichter Oberflächenrost am Blech bedeutet noch nicht das Aus, oft kann hier noch wirksam gegengesteuert werden. Tiefe Rostnarben und zerbröselndes Metall sind allerdings ernster zu bewerten: Hier hilft oft nur noch eine teure und aufwändige Blechsanierung, bei der die beschädigten Partien herausgeschnitten und neue eingeschweißt werden müssen.

Tiefergelegt und verbreitert: Bei schlampigen Arbeiten an den Radläufen ist Vorsicht geboten!

Rost an den Ecken des Bodenblechs: Hier ist sogar das Scharnier des Gaspedals betroffen.

Die Schweller sind, wie bei vielen anderen Autos auch, besonders rostgefährdet. Von den Reifen aufgewirbelter Dreck und Laub sammeln sich in den Schwellerspitzen,

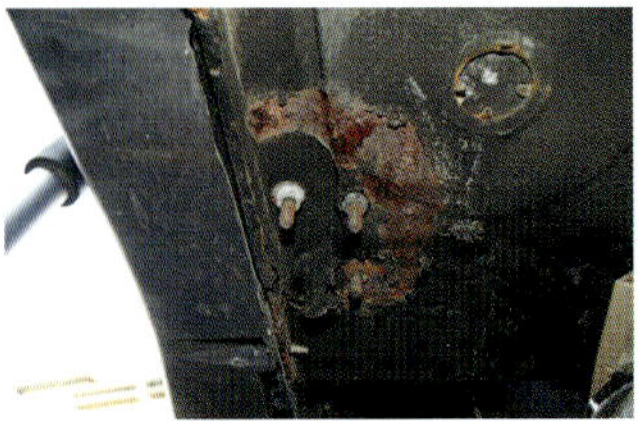

Schwerer Korrosionsschaden: Unterboden und Schweller lassen sich mit einem Schraubendreher (vorsichtig) auf Durchrostungen prüfen.

Typische Rostnester finden sich am Heck über dem Auspuff und rund um die Abschlepp-Öse. Stoßstange und Auspuff am besten gleich mit prüfen.

Scheibenrahmen und A-Säule rosten von innen nach außen. Werfen Sie einen Blick unter die Windschutzscheibendichtung und auf die Plasikgitter.

Steinschläge zerstören den Unterbodenschutz und die darunterliegende Lackschicht und die ständige Feuchtigkeit führt dann nach einiger Zeit zu Korrosion.

BMW reagierte auf Rost-Probleme bei späteren Modellen mit einem beschichteten Frontabschlussblech, doch auch hier besteht das gleiche Problem, wenn Splitt und Streusalz lange genug einwirken konnten. Ersatzbleche sind jedoch lieferbar und die Reparatur kann unter wirtschaftlichen Gesichtspunkten je nach Fahrzeug lohnenswert sein.

Das Heckabschlussblech neigt im Bereich der Abschlepp-Öse hinten rechts ebenfalls zum Rosten, weil sich in diesem Bereich gerne Dreck und Feuchtigkeit sammeln.

Die vorderen Kotflügel rosten aus denselben Gründen, manchmal kann hier Ersatz billiger sein, als die alten Teile zu sanieren.

Die A-Säulen und der Frontscheibenrahmen im Bereich der Plastikgitter sowie die Falz vom Scheibenrahmen zur Spritzwand (unter den Plastikgittern) können ebenfalls von der braunen Pest befallen sein. Achten Sie auf Blasen im Lack, die auf Rost von innen hindeuten. Reparaturen in diesem Bereich können sehr kostspielig sein, wenn die Korrosion sich innen schon ausgebreitet hat.

Der Unterboden im Bereich der Rücksitzbank ist ein weiterer potenzieller Korrosionsschwachpunkt. Entfernen Sie die Rücksitzbank, um einen Überblick zu bekommen, ob und wie weit die Rostbildung schon fortgeschritten ist.

An den hinteren Radläufen ist Korrosion besonders bei den Touring-Modellen und den Cabrios verbreitet. Die entsprechenden Reparaturen können je nach Grad der Zerstörung kompliziert und teuer werden.

Der Bereich um die Batterie verdient einen besonders kritischen Blick. Austretende Säure durch eine „überkochende" Batterie ätzt erst die Farbe weg, das ungeschützte Blech rostet dann zwangsläufig.

Im Motorraum bzw. bei den Sechszylindern im Kofferraum finden Sie die Batterie: Der Bereich darunter sollte rostfrei sein, achten Sie auch auf den Zustand des Massekabels. In der Reserverad-Mulde findet sich oft Rost.

Unbedingt prüfen: Die Verdeck-Mechanik könnte beschädigt sein, achten Sie darauf, dass das Verdeck dicht ist.

Die Spaltmaße sollten überall gleichmäßig sein. Checken Sie das Maß bei Kotflügeln, Hauben und – sofern vorhanden – beim Schiebedach.

Weitere kritische Bereiche sind die Federbeindome vorne (Bereich zum Kotflügel, betrifft vor allem frühe Baujahre), die Federbeindome hinten (am Übergang zum Kofferraumboden) und am Heckblech in der Region um die Nummernschildbeleuchtung.
Gründlich inspizieren sollte man auch die Reserveradmulde, wo sich aufgrund undichter Kofferraumdeckel- oder Rücklichtdichtung Wasser gesammelt haben könnte.
Die Hecklappen des Touring sind extrem von Rostbefall betroffen (Scheibenbereich und Blechfalze). Sie verfügen über ein innenliegendes Wasserabflusssystem aus Schläuchen, die das Regenwasser ableiten sollen. Sind diese durch Laub verstopft, rostet die Heckklappe von innen durch. Bei dieser Gelegenheit können Sie auch das Dichtungsgummi der Heckklappe auf Risse und Beschädigungen überprüfen und die Scharniere begutachten. Ein letzter Blick gilt der Scheibenwaschanlage: Funktionieren Spritzwasserdüse und Heckscheibenwischer?
Die Wagenheber-Aufnahmen sollten rostfrei und nicht verformt sein. Verformungen durch unsachgemäßes Aufbocken beschädigen in den meisten Fällen die Lackierung an diesen Stellen, was Rost nach sich zieht.
Die elektrische Verdeckmechanik beim E30 Cabrio sollten Sie genau prüfen: Schäden durch mangelnde Schmierung, defekte Gelenke und ähnliches sind schwierig zu reparieren und Ersatz ist teuer.

++	+	o	–
4	3	2	1

Spaltmaße

Ungleichmäßige Spaltmaße können Hinweis auf eine schlechte Reparatur oder einen Unfallschaden sein. Um diese Fragen zu klären hilft ein Blick auf die Spaltmaße im Bereich der Türen, Hauben/Heckklappe und Kotflügel. An diesen Stellen sollten sich auch keine Beschädigungen am Lack oder Farbunterschiede finden lassen.

Alle Leisten, Embleme und Anbauteile sollten vollzählig vorhanden sein. Hier fehlt die Gummileiste an der Tür, leider inzwischen ein rares Teil.

++	+	o	–
4	3	2	1

Anbauteile

Die Seitenspiegel sind oft von Aluminium-Korrosion befallen, die Oberfläche wird uneben und die Farbe löst sich ab. Durch Abschleifen und einen neuen Farbauftrag können sie wieder in einen guten Zustand versetzt werden, manchmal ist der Austausch aber die günstigere Variante.
Die frühen Modelle verfügten über Stoßstangen aus Stahl, die von innen nach außen rosten können, weil sich dort üblicherweise Straßendreck und Feuchtigkeit sammeln. Erkennbar ist dies oft daran, dass die Chromleiste der Stoßstange beginnt, sich abzuheben.

Bei älteren Modellen ist das Emblem oft verblasst oder angelaufen, Ersatz ist kein Problem.

++	+	o	–
4	3	2	1

Scheibenwischer

Die Scheibenwischermotoren (beim Touring auch hinten) unterliegen Verschleiß. So kann beispielsweise der innenliegende Zahnradantrieb defekt sein, unrunde, ruckelnde Bewegungen wären die Folge. Ersatz-Scheibenwischermotoren gibt es neu oder als Gebrauchtteil. Liegt ein Defekt am Wischerschalter vor, fährt der Scheibenwischerarm nicht mehr in seine korrekte Ausgangsposition zurück. Auch hier ist der Austausch relativ problemlos möglich. Abschließend den Zustand der Wischerblätter begutachten.

Scheibenwischer sollten streifenfrei reinigen und weder quietschen noch rubbeln. Beim Ausschalten müssen sie in die Ausgangsposition zurückkehren.

++ + o –

Schiebedach

4 3 2 1

Wenn die Dichtungen ausgehärtet oder beschädigt sind, kann Wasser eindringen, was Rost, besonders an den Kanten, zur Folge hat. Besteht das Problem über längere Zeit, etwa bei einem Fahrzeug, das lange im Freien stand, kann auch die Schiebedach-Mechanik angegriffen sein.

Bündiger Abschluss: Das Schiebedach sollte sich leicht öffnen und schließen lassen und natürlich dicht sein.

++ + o –

Scheiben

4 3 2 1

Die Scheibendichtungen altern, es bilden sich Risse und Wasser kann eindringen. Feuchtigkeit im Armaturenbrett oder im Handschuhfach sind typische Anzeichen für diese Schäden.
Starke Windgeräusche im Bereich der Türen deuten oft auf schadhafte Dichtungen an den Seitenscheiben hin. Auch die hinteren Seitenscheiben können von Wassereinbruch betroffen sein. Pfeif- oder Klappergeräusche im Heckbereich des Cabrios lassen sich oftmals mit einer Einstellung der Verdeck-Mechanik beheben.

++ + o –

Beleuchtungsanlage

4 3 2 1

Zunächst sollten die Scheinwerfer einer Sichtprüfung auf Risse unterzogen werden. Bei vielen E30 sind die Scheinwerfer innen milchig angelaufen. Hier hilft meist nur der Austausch der betroffenen Teile. Sowohl Hella als auch Bosch lieferten Teile für den E30. Ab Ende 1987 hielt die neue, effizientere DE-Lichttechnik Einzug in den 3er. Hier ist die Bosch-Ausführung besser, da der Metall-Reflektor gereinigt werden kann.
Ist der Einstellmechanismus der Scheinwerfer korrodiert, ist eine korrekte Justierung nicht mehr möglich. Überprüfen Sie die Funktion der Scheinwerfer und Lampen: Wird das Rücklicht schwächer, wenn Sie gleichzeitig das Bremspedal betätigen, liegt wahrscheinlich ein Masse-Problem in der Elektrik vor.

Funktionstest: Die Scheinwerfer dürfen keine Beschädigungen aufweisen, die Reflektoren dürfen nicht blind sein und alle Lampen müssen funktionieren.

Solche Korrosionsschäden an Felgen sind leicht zu reparieren, scharfkantige Beschädigungen verlangen nach professioneller Instandsetzung.

++ + o –

Reifen und Felgen

4 3 2 1

Überprüfen Sie, ob die Räder für das Modell die richtigen sind, indem Sie diese mit der Zulassung vergleichen. Spezielle Felgen bedürfen der Eintragung. Achten Sie auf den Zustand der Felgen (Schäden von Bordsteinkanten, Korrosion bei Alufelgen). Rost kann Risse verursachen. Bewertet werden Originalität, Hinweise auf bearbeitete Radläufe und scheuernde Reifen sowie der allgemeine Zustand. Die auf dem zum Verkauf stehenden E30 montierten Reifen sollten nicht überaltert sein und keine Beschädigungen (Risse an den Flanken) oder ungleichmäßige Abnutzungsspuren (falsche Fahrwerkseinstellung bzw. Schäden an der Radaufhängung) aufweisen. Um das Alter eines Reifens zu bestimmen, gibt es an der Reifenflanke die so genannte DOT-Nummer. Diese vierstellige Zahlenkombination gibt darüber Auskunft, wann der Reifen produziert wurde. „3507" etwa, bedeutet, dass der Reifen in der 35. Kalenderwoche

Gefährlich: Risse wie an diesem Reifen stellen ein Sicherheitsrisiko dar. Obwohl noch ausreichend Profil vorhanden ist, muss der Reifen ausgewechselt werden.

im Jahr 2007 hergestellt wurde und demnächst ausgewechselt werden sollte.
Auch sollten vier Reifen desselben Typs montiert sein. Fahrzeuge mit langen Standzeiten haben zumeist beschädigte Reifen (Standplatten). Ein alter Reifen mit ausreichend Profil mag auch nach vielen Jahren noch einen konstanten Luftdruck halten, fahrsicher ist er schon lange nicht mehr. Vorsicht geboten ist auch bei Billigreifen aus Fernost.

Radlager und Lenkung

++ + o –
4 3 2 1

Im Bereich der Vorderachse sollte man auf lockere Lenkungsteile und defekte Traggelenke (Querlenkergummis) achten (siehe auch Fahrwerk).
Den Zustand und das Spiel des Radlagers beurteilen Sie am besten bei aufgebocktem Fahrzeug. Versetzen Sie zunächst jedes Rad mit einem kraftvollen Schwung in Drehung. Sie sollten sich leicht und nahezu geräuschlos drehen lassen und nachlaufen. Ein leichtes schleifendes Geräusch der Bremsen ist unbedenklich, sollten Sie aber rumpelnde Geräusche aus der Radmitte hören, könnten die Radlager defekt sein. Überprüfen Sie durch Kippbewegungen der Vorderreifen das Lagerspiel.

Am besten Handschuhe tragen: Durch kräftiges Rütteln lässt sich Spiel an Lenkung und Federung entdecken.

Innenraum

++ + o –
4 3 2 1

Ältere Fahrzeuge, die längere Zeit unbenutzt im Freien standen, könnten im Innenraum von Pilzbefall betroffen sein. Besonders in den Sitzen und unter den Teppichen kann Schimmelbildung zu einem entsprechenden Geruch führen. Ist der Schimmel weit fortgeschritten, wird die dauerhafte Beseitigung zu einem langwierigen und aufwändigen Unterfangen.

Ein muffiger Geruch lässt auf Nässe im Innenraum schließen.

Sicherheitsgurte

++ + o –
4 3 2 1

Damit Insassen bei einem Unfall geschützt sind, sind die Gurtbefestigungspunkte an allen Autos besonders stabil konstruiert. Jede Schwächung des Materials an diesen Stellen, sei es durch Rost oder Reparaturen, könnte im Ernstfall fatale Folgen haben. BMW setzte im Bereich der unteren Befestigungspunkte auf zusätzliche, punktgeschweißte Verstärkungsbleche. In den entstanden Spalten und Überlappungen sammelte sich über die Zeit Feuchtigkeit, wodurch typische Roststellen entstanden. Auch Sicherheitsgurte unterliegen der Alterung und verschleißen: Das Gewebe kann sich abnutzen und Schmutz in den Fasern wirkt dabei wie ein zusätzliches Schleifmittel. Äußerlich scheinbar intakt, kann ein solcher Sitzgurt bereits gefährlich beschädigt sein. Leichter zu entdecken sind Risse und Schnitte in den Gurten. Ziehen Sie den Gurt ganz aus der Rolle heraus, um auch wirklich sicherzugehen, dass alles in Ordnung ist und vergessen Sie dabei auch das Gurtschloss nicht.

Sitze

++ + o –
4 3 2 1

Die Sitze sollten frei von Rissen und anderen Beschädigungen sein. Die äußere Sitzwange des Fahrersitzes ist für Verschleiß am anfälligsten, hier finden sich oft aufgescheuerte Stellen. Beschädigte Sitze sind ein Fall für den Autosattler, wobei zu beachten ist, dass viele Stoffe von BMW nicht mehr lieferbar sind. Eine Aufarbeitung lohnt sich besonders für die damals aufpreispflichtigen Sportsitze.
Prüfen Sie die Lehnenverstellung, indem Sie beide Lehnen ganz nach hinten stellen, der Mechanismus sollte spielfrei und leichtgängig funktionieren. Setzen Sie sich anschließend in das Fahrzeug und bewegen Sie sich im Sitz kräftig hin und her, um lockere Sitzbefestigun-

gen festzustellen. Ein leichtes Spiel ist unbedenklich, Klappergeräusche hingegen deuten auf defekte Rollen oder Laufschienen hin. Korrosion im Bereich der Sitzbefestigung ist eher selten, ist der Rost an einem Fahrzeug jedoch bereits in fortgeschrittenem Stadium, könnten auch sie betroffen sein. Inspizieren Sie daher auch diesen Bereich unter den Teppichen, um auf Nummer Sicher zu gehen.

++ + o –

Dachhimmel

4 3 2 1

Zwei Arten von Dachhimmeln wurden hauptsächlich verbaut. Zum einen die perforierte Variante aus Kunstleder, hier dienen Stahlstäbe für strammen Sitz. Diese unempfindlichen Dachhimmel wurden am häufigsten bestellt und zeichnen sich durch eine lange Haltbarkeit aus. Die andere Variante ist aus Stoff und hier gibt es das Problem, dass sich der Stoff vom Dach ablöst und an einigen Stellen unschön herunterhängt. Die einzige Reparaturmöglichkeit besteht darin, den kompletten Himmel zu entfernen und einen neuen – mit dem richtigen Klebstoff – einzubauen. Da dies eine größere Arbeit darstellt, könnte ein solcher Schaden ein wichtiger Punkt bei Preisverhandlungen sein.
Flecken, etwa durch Feuchtigkeit bei einem undichten Schiebedach, oder hartnäckige Verschmutzungen, können schwierig zu entfernen sein. Zu aggressive Reinigungsmittel könnten ihrerseits sichtbare Spuren hinterlassen, gehen Sie also behutsam vor.

++ + o –

Türgriffe und Schließsystem

4 3 2 1

Prüfen Sie alle vorhandenen Schlüssel des Wagens an allen Schlössern. Viele Zentralverriegelungen entwickeln in zunehmendem Alter Macken bis hin zum Defekt. Während die oft genutzte Fahrertür meist ohne Schwierigkeiten auf- und abschließbar ist, könnte es bei den weniger genutzten anderen Türen, vor allem bei den Viertürern, Probleme geben.

++ + o –

Fensterheber

4 3 2 1

Alle Fensterheber sollten einwandfrei funktionieren. Wenn die Sicherung durchgebrannt ist, setzen Sie eine neue ein und beobachten Sie, ob die Fensterheber nun funktionieren, oder ob die Sicherung wieder durchbrennt. Bei alten Scheibendichtungen kann die Türe innen feucht werden, die Fensterheber-Motoren können dadurch korrodieren. Auch die Scheibenführungen könnten beschädigt sein. Dies hat zur Folge, dass der elektrische Motor stärker belastet wird und das Fenster langsamer geöffnet bzw. geschlossen wird, oder irgendwann streikt.
Auch die manuellen Scheibenkurbeln sollten sich leicht und mit gleichmäßigem Kraftaufwand bewegen lassen.

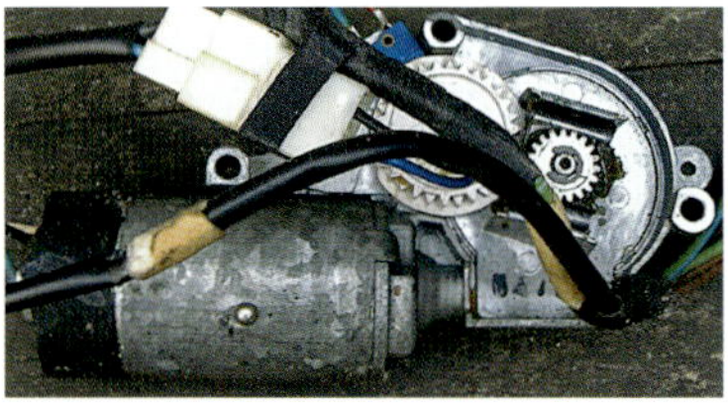

Die Plastik-Zahnräder in den Motoren der Fensterheber nutzen sich ab. Mahlende Geräusche oder ruckeliges Öffnen und Schließen können Indizien dafür sein.

++ + o –

Lenkrad

4 3 2 1

Am weitesten verbreitet ist das 4-Speichen-Standardlenkrad. Aus dem BMW-Zubehörprogramm konnten damals noch das M-Technik-I- und -II-Lenkrad sowie ein Dreispeichen-Sportlederlenkrad bestellt werden. Natürlich gab es auch im Zubehörhandel eine große Auswahl diverser Sportlenkräder, aber am gesuchtesten sind die werksseitig angebotenen Versionen. Lederlenkräder benötigen regelmäßige Pflege, sonst vermitteln sie schnell einen unansehnlichen Eindruck. Achten Sie auf das Er-

Sportliche Lenkräder aus dem Zubehör wurden gerne nachträglich eingebaut. Sehr gesucht sind die original M-Lenkräder.

scheinungsbild und auf Beschädigungen (auch auf der Rückseite des Lenkradkanzes) durch Schmuck oder Sonneneinstrahlung.
Wenn das Lenkrad bei Geradeauslauf nicht mittig steht, kann das mehrere Ursachen haben. Unfallschäden oder unsachgemäße Reparaturen an der Vorderachse sind eine Möglichkeit, eine verstellte Spur die andere. Im ersten Fall könnten hohe Kosten auf Sie zukommen, im zweiten Fall wäre eine Spureinstellung für wenig Geld in jeder Werkstatt machbar.

++ + o –

Armaturenbrett

4 3 2 1

Typisch sind hier defekte Anzeigeinstrumente und durchgebrannte Glühlämpchen. Beim Einschalten der Zündung müssen alle Lampen für ein paar Sekunden zum Funktionscheck aufleuchten. Öldruck-Warnleuchte, Batterie-Ladeanzeige und ABS-Anzeige müssen solange aufleuchten, bis der Motor läuft, dann sofort ausgehen. Gerne abgeklemmt wird hier die ABS-Kontrollleuchte, um einen Defekt in diesem Bereich zu kaschieren. Eine dauerhaft glimmende Service-Anzeige und ein zuckender Drehzahlmesser haben ihre Ursache in defekten Akkus auf der Serviceintervall(SI)-Platine.
Gehen Sie systematisch alle Schalter und Funktionen von links nach rechts durch: Blinker, Scheinwerfer, Nebellampen, Schiebdach etc.

++ + o –

Check Control

4 3 2 1

Einige E30-Modelle verfügen über ein kleines Instrumentenpaneel mit verschiedenen Leuchtanzeigen, die den Fahrer über durchgebrannte Lämpchen und andere Elektrik-Probleme informieren soll. Im Handbuch können Sie die Funktionsweise dieses Instruments nachlesen. Dieses Teil unterliegt leider häufig der Alterung und verschiedene Funktionen könnten nicht mehr korrekt angezeigt werden. Pixelfehler im Display lassen die Anzeige unleserlich werden. Es gibt Spezialisten, die diese Bauteile reparieren, ein gebrauchtes Teil ist aber sicherlich die günstigere Variante. Und nicht immer ist die Check-Control-Elektronik das Problem: Wenn beispielsweise bei einem Sechszylinder die Anzeige für das Kühlwasser leuchtet, obwohl der Kühlmittelstand korrekt ist, dann liegt der Fehler in einem defekten Stecker oder einem verkalkten bzw. defekten Geber.

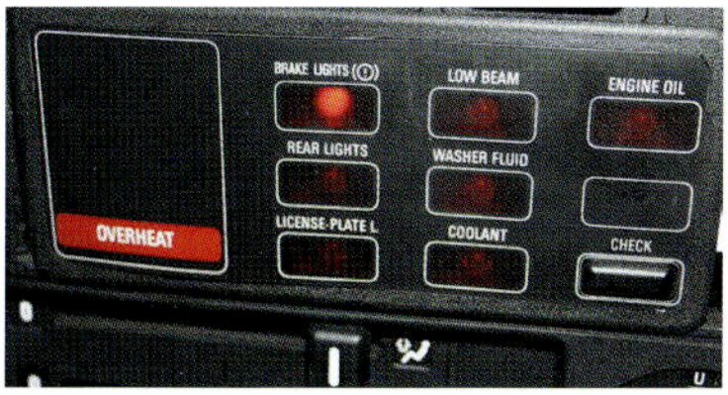

Die Check-Control-Einheit funktioniert oft nicht mehr richtig. Die Reparatur ist schwierig.

++ + o –

Ölwechsel-Anzeige und Serviceintervall-Anzeige

4 3 2 1

Diese Anzeigen sollen den Fahrer daran erinnern, rechtzeitig einen Ölwechsel oder eine Inspektion durchführen zu lassen. Es handelte sich dabei um ein relativ einfaches System, das von der BMW-Werkstatt, nach erfolgtem Service, mit einem speziellen Gerät zurückgesetzt wird. Nachdem der Wagen dann die nächste voreingestellte Distanz zurückgelegt hatte, beginnen die Lämpchen wieder zu leuchten. Eine Countdown-Funktion bereitet den Fahrer auf den nächsten anstehen Werkstattbesuch vor. Das System ist heute allerdings weniger von Bedeutung als zu jener Zeit, als der E30 noch als Neuwagen unterwegs war. Zum einen ist es heute für trickreiche Gebrauchtwagenhändler überhaupt kein Problem mehr, dieses System mit einfachen Mitteln selbst zurückzusetzen und damit einen durchgeführten Service vorzutäuschen. Zum anderen werden viele Liebhaberfahrzeuge nur noch we-

Die Serviceintervall-Anzeige ist leicht zu manipulieren, seien Sie misstrauisch und überzeugen Sie sich lieber selbst vom aktuellen Pflegezustand des Wagens.

nig gefahren und liebevoll in Eigenregie gewartet – ohne dass dabei an die Rückstellung der Serviceanzeige gedacht wird. Ihr BMW E30 könnte also trotz neuer Wartung nach einem Service verlangen und umgekehrt könnten Sie sich – laut Anzeige – in Sicherheit wiegen, obwohl eine Inspektion dringend notwendig wäre. Fazit: Vergewissern Sie sich lieber selbst über den technischen Zustand des angebotenen Fahrzeugs als blind der Anzeige zu vertrauen.

Handbremse

++ + o –
4 3 2 1

Bei Fahrzeugen, die auch hinten über Scheibenbremsen verfügen, ist im Inneren der Bremsscheibe die Handbremsmechanik untergebracht. Da diese von außen nicht sichtbar und schwer zu erreichen ist, wird sie oft vernachlässigt und der Mechanismus wird schwergängig. Wenn die Handbremse nicht mehr richtig löst, schleift sie. Rost ist ein weiteres Problem, die Bremsankerplatte könnte dadurch beschädigt sein. Die Handbremse sollte sich nicht mehr als acht Klicks nach oben ziehen lassen, sonst sind vermutlich die Bremsbeläge der Handbremse oder das Betätigungsseil verschlissen. Es gibt einen Nachstell-Mechanismus, die Beseitigung des Problems könnte also sehr einfach sein. Bei den E30-Modellen mit hinteren Trommelbremsen wirkt die Handbremse direkt auf die Bremstrommeln. Ein zu langer Weg des Handbremshebels deutet auch hier auf verschlissene Beläge hin.

Kofferraum, Werkzeug und Ersatzrad

++ + o –
4 3 2 1

Die Dichtungen des Kofferraums altern und es kann Wasser eindringen. Es sammelt sich in den Ecken des Kofferraums und am tiefsten Punkt: der Reserveradmulde. Prüfen Sie erst, ob sich der Teppich feucht anfühlt, nehmen Sie anschließend das Reserverad heraus und inspizieren Sie die Mulde genau: Sind hier Durchrostungen zu finden, muss geschweißt werden. Das Reserverad selbst sollte dicht und in einigermaßen guten Zustand (Profil, Alter) sein. Der Werkzeugsatz ist bei Stufenheckmodellen und Cabrios mit einer Kunststoffschraube innen am Kofferraumdeckel befestigt, beim Touring ist er in einer Tasche hinter einer Abdeckung auf der linken Seite zu finden. Oft fehlt das Werkzeug oder Teile davon, das eingeprägte BMW-Logo veranlasste wohl viele Vorbesitzer dazu, es als Souvenir zu behalten. Wenn Sie nach absolutem Originalzustand streben, muss natürlich das Originalwerkzeug vollständig vorhanden sein. Wenn nicht, lassen sich die fehlenden Einzelteile mit etwas Geduld im Internet finden. Im anderen Fall wäre ein individueller Werkzeugsatz, der nach Ihren Bedürfnissen zusammengestellt ist, die bessere Wahl.

Mechanik

Motorraum: allgemeiner Eindruck

++ + o –
4 3 2 1

Alle Flüssigkeitsstände sollten korrekt sein, andernfalls lässt das Rückschlüsse auf mangelnde Pflege zu. Solche Eindrücke und Details vermitteln in der Regel ein gutes Bild vom technischen Zustand des Wagens. Schlieren im Kühlwasser und weißliche Ablagerungen am Öleinfülldeckel deuten auf einen Schaden an der Zylinderkopfdichtung hin. Eine der wichtigsten Auskünfte gibt der Ölmessstab: Das Öl sollte einen goldenen Farbton haben, ist es schwarz oder gar zäh, ist ein Ölwechsel

Wie ist der erste Eindruck? Öl, Dreck und ausgelaufene Betriebsflüssigkeiten sind Anzeichen für Vernachlässigung. Wurde der Motorraum frisch dampfgestrahlt, könnte der Verkäufer versuchen, Undichtigkeiten zu vertuschen.

überfällig. Metallspäne im Öl bedeuten teure Reparaturen. Die Bremsflüssigkeit sollte ebenfalls klar und goldfarben sein, andernfalls ist sie wahrscheinlich zu alt und muss gewechselt werden. Ein zu niedriger Flüssigkeitsstand kann hier auf eine verschlissene Bremse deuten. Verfügt der Wagen über eine Servolenkung oder ein automatisches Getriebe, sollten Sie die Hydraulikflüssigkeit dieser Bauteile untersuchen: Sie muss eine rote Farbe aufweisen. Ist sie dagegen braun verfärbt, deutet dies auf Überhitzung und ein mögliches technisches Problem hin.

Die Gummi-Ansaugstutzen zwischen Luftfilterkasten und Einspritzanlage könnten versprödet sein und Risse aufweisen. Der Motor kann dann Falschluft ansaugen und ein unrunder Lauf oder mechanische Schäden könnten die Folge sein. Da Gummi bereits nach zehn Jahren die ersten Spuren des Alters zeigt, sollten Sie alle Bauteile aus diesem Material genau unter die Lupe nehmen.

Es lohnt sich, alte Schläuche beizeiten auszutauschen: Die Kosten dafür halten sich in Grenzen und die Pannensicherheit ist deutlich verbessert.

Das Typenschild sollte nicht mit Farbe überlackiert sein, und die Fahrzeugnummern sollten mit denen in den Papieren übereinstimmen. Wichtig zu beachten ist, dass das Schild korrekt sitzt und mit den werkseitigen Nieten befestigt ist.

Achten Sie auf poröse Schläuche und verrostete Schlauchschellen – alles potenzielle Pannenursachen.

Hier wurde für eine Komplettlackierung das Typenschild entfernt und anschließend wieder angenietet.

Das Triebwerk

++	+	o	–
4	3	2	1

Bei den M20- und M40-Motoren müssen die Zahnriemen in regelmäßigen Intervallen gewechselt werden (45.000 km oder alle 4 Jahre). Wird dies vernachlässigt, können sie ohne Vorwarnung reißen, was in der Regel einen kapitalen Motorschaden zur Folge hat. Die Spannrollen aus den späteren Modellen sind auch für frühe Modelle die bessere Wahl, da sie im Rahmen der Modellpflege konstruktiv verbessert wurden. Es empfiehlt sich bei dieser Gelegenheit die Wasserpumpe gleich mit zu wechseln. Mit der Zeit können die vorderen Kurbelwellen-Simmerringe verspröden, Ölundichtigkeiten im vorderen Motorbereich sind dann die Folge. Tropft das Öl auf den Zahnriemen, wird dieser geschädigt. Am Zylin-

Wann wurde er zuletzt getauscht? Der fällige Zahnriemenwechsel sollte nicht unnötig hinausgezögert werde. Für einen geübten Mechaniker ist diese Arbeit keine Herausforderung.

Achten Sie beim Öleinfüllstutzen auf weiße, cremeartige Emulsion – ein Indiz für eine defekte Zylinderkopfdichtung.

derkopf des M20-Triebwerks (325i, 320i) können sich im Bereich der Kühlwasser-Kanäle Risse bilden, das Öl vermischt sich mit der Kühlflüssigkeit, es bildet sich eine weißliche Emulsion, die sich dann am Öleinfülldeckel ablagert. Zylinderkopf-Überholungen sind möglich, jedoch teuer, so dass ein Gebrauchtteil hier die günstigere Variante darstellt. Bei allen Motoren ist ein Schaden an der Zylinderkopf-Dichtung möglich, die Folgen sind Öl im Kühlwassersystem, Ölverlust oder Kühlwasserverlust. Die Dichtung selbst ist preiswert zu haben, der Aufwand einer solchen Reparatur ist jedoch beträchtlich.
Bei den M20-Motoren gab es Probleme mit den Zylinderkopfschrauben, die anfangs unter mangelnder Zugfestigkeit litten. Die ursprünglichen Schrauben mit Sechskant-Kopf wurden oft bei entsprechenden Motorschäden durch die verbesserte Ausführung mit Torx-Kopf ersetzt. Beim Blick durch die Öleinfüllöffnung am Zylinderkopf können Sie sehen, welche Schraubenart verbaut ist. Die vordere Dichtung der Nockenwellenlagerung neigt zum Aushärten, austretendes Motoröl kann auch hier den Zahnriemen angreifen. Ölspuren im vorderen Bereich des Motors können ein Hinweis auf einen solchen Schaden sein. Ölverschmutzung als Folge von zu lange hinausgezögerten Ölwechseln führte bei manchen M40-Motoren (jüngere 316i und 318i) zu Schäden an der Nockenwelle, die im schlimmsten Fall brechen konnte. Triebwerke mit eingelaufener Nockenwelle hatten hingegen Probleme, die Höchstdrehzahl zu erreichen.
Festgegangene Ventilatoren können eine ausreichende Motorkühlung nicht mehr gewährleisten und die Folge ist ein Überhitzungsschaden. Achten Sie also auf übermäßige Geräuschentwicklung bei höheren Drehzahlen und den Zustand des Ventilators.
Wenn Sie bei laufendem Motor einmal das Gaspedal kurz voll durchdrücken und gleich wieder vom Gas weggehen, sollte der Motor sauber hochdrehen und anschließend wieder in einen ruhigen Leerlauf zurückgehen. Entsteht dabei blauer Auspuffqualm, deutet dies auf einen verschlissenen Motor hin, der Öl verbrennt. Weißer Rauch aus dem Auspuff ist beim Kaltstart normal, hat der Motor jedoch seine Betriebstemperatur erreicht, sollte der weiße Rauch verschwunden sein. Tropfendes Wasser aus dem Auspuff ist unbedenklich.

++	+	o	–
4	3	2	1

Ansaugstutzen und Auslasssystem

Bei richtiger Montage des Ansaugstutzens an der Einlassseite des Motors hält eine Zylinderkopf-Dichtung beinahe unbegrenzt lange. Wurde der Stutzen aber entfernt und mit einer beschädigten Dichtung wieder eingebaut, könnten Undichtigkeiten dafür sorgen, dass der Motor Falschluft ansaugt und ein unrunder Leerlauf wenig Freude macht.
Die Bolzen der Auspuffkrümmer sind fast immer verrostet und schwierig zu lösen, oft werden dabei die Schraubenköpfe beschädigt oder zerstört. Mit einem kleinen Spiegel können Sie auch den Zustand der unteren Bolzen checken. Wurde hier beim Einbau geschlampt, könnte es sein, dass die Krümmerschrauben nicht richtig angezogen wurden. Bei laufendem Motor können Sie anhand des Geräusches oder mit einem Wollfaden feststellen, ob es hier Undichtigkeiten gibt.
In den gegossenen Auspuffkrümmern entstehen manchmal Risse, die ebenfalls zu Undichtigkeiten führen. Diese sind an den schwarzen Rußspuren zu erkennen, die das austretende Abgas hinterlassen hat.

++	+	o	–
4	3	2	1

Einspritzanlage und Vergaser

Häufigstes Problem: spröde Schläuche und Dichtungen. Nehmen Sie auch die kleinen Schläuche genau in Augenschein, achten Sie dabei auch auf kleinste Risse. Undichtigkeiten im Bereich der Einspritzdüsen erkennen Sie an einem starken Benzingeruch bei laufendem Motor. Läuft der Motor im Leerlauf unrund, könnten Undichtigkeiten zwischen Einspritzanlage und Zylinderkopf die Ursache sein.
Vergaser sind in technischer Hinsicht wesentlich einfacher aufgebaut als Einspritzanlagen,

stand das Fahrzeuge jedoch für lange Zeit, könnten die Dichtungen ausgehärtet sein und der Vergaser wäre undicht. Bei langem Stillstand verdampft das Benzin im Vergaser, zurück bleibt eine zähe Masse, die den Vergaser verstopfen kann und die beweglichen Teile verklebt. Dieser Schaden kann durch Zerlegung und Reinigung jedoch relativ einfach behoben werden. Im Handel werden außerdem preisgünstige Vergaser-Überholsätze angeboten. Diese beinhalten die nötigen Dichtungen und Ersatzteile, um die meisten Vergaser wieder flottzukriegen.

Abgasanlage

++ + o –
4 3 2 1

Ist die Abgasanlage an dem angebotenen Fahrzeug älter als fünf Jahre, steigt die Wahrscheinlichkeit, dass sie repariert oder ausgewechselt werden muss. Typische Rostnester finden sich an den Schweißnähten der Schalldämpfer und an den Schellen, die die einzelnen Teile verbinden. In den Schalldämpfern sammelt sich an der tiefsten Stelle Feuchtigkeit, die Schalldämpfer beginnen von innen zu rosten, was an einem schmalen Roststreifen an der Unterseite erkennbar ist. Edelstahl-Auspuffanlagen sind auf jeden Fall die bessere Wahl, doch auch hier gibt es erhebliche Qualitätsunterschiede beim verwendeten Material: Manche dieser Anlagen rosten eben so schnell wie serienmäßige Ausführungen. Am stärksten gefährdet ist der hintere Endschalldämpfer, ist er doch am ehesten aufgewirbeltem Straßendreck, Splitt und Streusalz ausgesetzt. Modische Auspuffblenden waren beliebtes Zubehör. Manche Ausführungen, besonders die leicht hochgezogenen, neigen jedoch dazu, Wasser ins Inneren zu leiten. Folge: Das Endrohr korrodiert unsichtbar vor sich hin und fällt irgendwann ab.

Diese Benzinleitung ist defekt und muss schnellstens gewechselt werden. Wenn die anderen Leitungen ähnlich aussehen, bedeutet das viel anstehende Arbeit.

Rost an den Auspuffschellen und an den Kanten des Schalldämpfers: Ein häufiger Anblick bei älteren Fahrzeugen.

Getriebe, Kardanwelle und Kupplung

++ + o –
4 3 2 1

An der Kardanwelle sind an beiden Enden Hardy-Scheiben montiert, die der flexiblen Kraftübertragung dienen. Sind diese defekt, sind anfangs zunächst Vibrationen und Geräusche der Kardanwelle die Folge, später wird die Kraft dann nicht mehr an das Differenzialgetriebe weitergeleitet. Ein Defekt am mittleren Lager der Kardanwelle macht sich durch ein heulendes Geräusch bei hohen Geschwindigkeiten bemerkbar. Die das Lager umgebende Gummidichtung könnte ebenfalls beschädigt sein, ein lautes knallendes Geräusch beim Beschleunigen im unteren Geschwindigkeitsbereich würde darauf hindeuten. Die Getriebe gelten als robust und wenig anfällig, aber durch defekte Simmerringe an der Getriebeausgangswelle entsteht Ölverlust. Ab etwa 150.000 km neigt die Schaltmechanik bei einigen Fahrzeugen dazu, zu verschleißen. Spiel im System erzeugt ein wenig präzises Schaltgefühl. Alle Buchsen und anderen Teile, die für eine Überholung nötig sind, sind erhältlich. Es werden sogar Schaltwegeverkürzungen angeboten, um noch sportlicher die Gänge wechseln zu können.

Auf den ersten Blick deutet alles auf ein Leck an der Getriebeausgangswelle hin, hier wurde aber austretendes Motoröl durch den Fahrtwind nach hinten geschleudert.

Der Kabelbaum

++ + o –
4 3 2 1

Die Qualität der Elektronikkomponenten bei BMW gilt als gut, manche Steckverbindungen könnten jedoch über die Jahre durch Modifikationen, Alterung oder Witterung beschädigt worden sein. Achten Sie daher genau auf weißlich oder grünlich angelaufene Steckverbindungen und korrodierte Anschlüsse. Alle zusätzlich verlegten Kabel sollten Sie sich sehr genau ansehen: Bei nachträglich installiertem elektrischen Zubehör besteht immer die Gefahr, dass nachlässig gearbeitet wurde und diese Verbindungen nicht korrekt durch Sicherungen geschützt sind. Zusätzliche Kabel ohne erkennbare Funktion sollten Sie auf jeden Fall stutzig machen: Hier besteht die Gefahr, dass ein selbsternannter Experte versucht hat, einen vorhandenen Schaden an der Elektrik mit ungeeigneten Mitteln zu „reparieren".

Der Sicherungskasten im Motorraum. Der Deckel ist wichtig, um Feuchtigkeit von den Sicherungen fernzuhalten. Zusätzlich angebrachte oder schlecht verlegte Kabel sollten Sie misstrauisch werden lassen.

Die Batterie

++ + o –
4 3 2 1

Mit einem Voltmeter kann man sich einen ersten Eindruck über den Zustand der Batterie verschaffen. Bei ausgeschaltetem Motor sollte sich die Anzeige bei 12,6 Volt einpendeln, 12,2 Volt wäre zwar niedrig aber noch akzeptabel. Alles unter 11,5 Volt weist auf Probleme hin. Beide Batteriepole sollten frei von weißen Korrosionsrückständen sein, und auch das Masse-Band zur Karosserie sollte frei von Rost sein. Grüne pulverartige Ablagerungen an den Batteriekabeln sind ein Indiz dafür, dass diese demnächst ausgewechselt werden sollten. Der Anlasser sollte den Motor gleichmäßig und mit konstanter Geschwindigkeit durchdrehen können, Drehzahlschwankungen haben ihre Ursache meist in einer schwachen Batterie oder schlechten Anschlusskabeln.

Die Batterie muss fest montiert sein. Wichtig ist auch, dass die Batteriekabel nicht korrodiert sind.

Scheibenwaschanlage

++ + o –
4 3 2 1

Die Scheibenwaschflüssigkeit sollte kräftig und schnell auf die Scheibe gespritzt werden, tut sie das nur verzögert oder ist der Druck zu schwach, könnten die Schläuche undicht sein. Verunreinigtes Scheibenwaschwasser kann die Spritzdüsen verstopfen und sorgt damit für eine schlechte Scheibenreinigung, was auch ein Sicherheitsrisiko darstellen kann. In diesem Fall hilft nur eine gründliche Reinigung des gesamten Systems. Sollte bei dem Test nur der Pumpenmotor zu hören sein, ohne dass Flüssigkeit an die Scheibe gespritzt wird, liegt die Ursache in einem leeren Vorratsbehälter oder einem Schaden an der Pumpe. Ist gar kein Geräusch hörbar, ist die Pumpe vielleicht durchgebrannt oder die Ursache ist eine schadhafte Steckverbindung bzw. ein defekter Schalter. Ist die entsprechende Sicherung durchgebrannt, sollten Sie die Ursache dafür suchen.

Das Fahrwerk

++ + o –
4 3 2 1

Wie bei eigentlich allen Baureihen von BMW, so hat auch der 3er das Problem, dass bei hohen Laufleistungen die Buchsen am Fahrwerk getauscht werden müssen. So sollte man an der Vorderachse auf defekte Traggelenke (Querlenkergummis) achten. Knackgeräusche an der Vorderachse zeugen von defekten Domlagern (Federbeinstützlager), hier ist der Austausch mit der relativ aufwändigen Demontage des Federbeins verbunden.

Dieses hintere Domlager ist in Ordnung, hier wurde auch eine Domstrebe montiert, um die Karosseriesteifigkeit zu erhöhen.

Neues Domlager: Das Gummi ist weich und unbeschädigt, das Lager sieht neu aus.

Bei vollständig eingeschlagener Lenkung können Sie die Vorderachse am besten checken: An diesem Wagen wurden Polyurethan-Buchsen eingebaut, die eine längere Lebensdauer haben als die serienmäßigen Buchsen.

An der Hinterachse sind ebenfalls die Domlager häufig von Verschleiß betroffen (Quietschgeräusche). Hier ist ein Austausch sehr einfach möglich. Sehr weit verbreitet sind auch defekte Tonnenlager an der Hinterachse. Mit diesen Metall-Gummi-Lagern ist die Hinterachskonstruktion mit der Karosserie verschraubt. Untrügerisches Zeichen für verschlissene Lager ist ein schlechtes (schwammiges) Fahrverhalten bei hohen Geschwindigkeiten. Hier bietet es sich an, hochwertige und langlebige Polyurethan-Buchsen zu verwenden.

Die Lenkung

++	+	o	–
4	3	2	1

Das Gummigelenk der Lenkverbindungswelle kann beschädigt sein und zu übermäßigem Spiel in der Lenkung führen. Bei dieser Gelegenheit kann man gleich auch den Zustand der Lenkmanschetten prüfen.
Lassen Sie nun einen Helfer die Vorderräder abwechselnd nach rechts und links einschlagen. Prüfen Sie dabei mit der Hand die Lenkungsbauteile (Lenkverbindungswelle, Spurstangenköpfe), um festzustellen, ob die Lenkung spielfrei arbeitet.
Poröse Leitungen der Servolenkung können zu Undichtigkeiten führen, auch die Schlauchverbindungen können sich lockern, manchmal hilft hier einfaches Nachziehen oder der Austausch einzelner Schlauchschellen.

Hilfsrahmen

++	+	o	–
4	3	2	1

Der vordere Hilfsrahmen ist rostanfällig, da er im Spritzwasserbereich liegt. Prüfen Sie also ob in der Region hinter den Vorderrädern, wo der Hilfsrahmen mit der Karosserie verschraubt ist, bereits Rost entstanden ist. Der hintere Hilfsrahmen ist mit der Karosserie durch lange Bolzen verbunden, die mit Gummibuchsen versehen sind. Sind diese Buchsen nicht

Beschädigte Lenk-Manschetten lassen das Lenkgetriebe vorschnell verschleißen und sorgen für eine nicht bestandene Hauptuntersuchung.

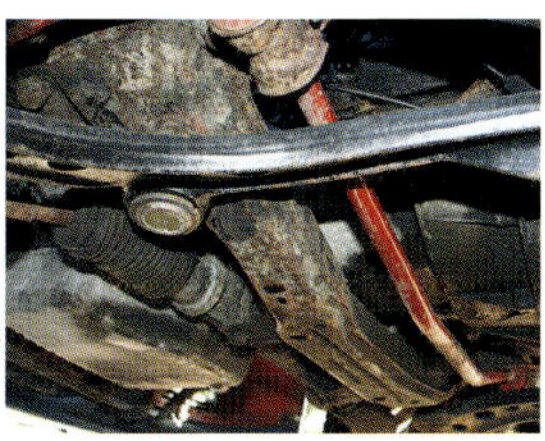

Dieser vordere Hilfsrahmen hat schon viel Oberflächenrost angesetzt. Wenn jetzt reagiert wird, kann das Fahrzeug noch gerettet werden.

Hintere Buchse zwischen Karosserie und Hilfsrahmen. Sie verhindert, dass sich beide Teile berühren.

mehr in Ordnung, schlagen Hilfsrahmen und Karosserie beim Fahren gegeneinander, auch beim starken Beschleunigen wird dieser Schaden durch ein Knacken hörbar. Im schlimmsten Fall stimmt die Fahrwerksgeometrie des Wagens nicht mehr, wenn die Karosserie durch die zerstörte Buchse falsch aufliegt. Die neuen Buchsen sind günstig, man benötigt jedoch ein Spezialwerkzeug, um sie einzupressen.

Die Bremsen

++ 4 | + 3 | o 2 | – 1

Beim Blick durch die Aussparungen in den Felgen kann man sich einen Überblick über den Zustand der Bremsscheiben verschaffen. Eine abgenutzte Bremsscheibe erkennt man an einer deutlich abgesetzten Kante am äußeren Rand. Ist dieser Absatz größer als 1 mm, muss die Bremsscheibe ausgewechselt werden. Weisen die Bremsscheiben tiefe Riefen oder Rostschäden auf, sollten sie ebenfalls ausgewechselt werden.
Bei vollständig eingeschlagener Lenkung können Sie die Bremsleitungen gut inspizieren, achten Sie auf Risse, Rost und Undichtigkeiten. Mit einem Spiegel und einer Taschenlampe lassen sich auch die Bremsbeläge begutachten, beträgt die Stärke des Belags nur noch wenige Millimeter, ist auch hier ein Austausch fällig. Alle Verschleißteile sind heutzutage erstaunlich günstig zu haben.

Typisch für Standschäden: Flugrost an der Bremsscheibe tritt auf, wenn das Fahrzeug wenig bewegt wird.

Hinterachsgetriebe

++ 4 | + 3 | o 2 | – 1

In der Baureihe E30 sind zwei unterschiedliche Differenzialgrößen zu finden, wobei das kleinere der beiden für die Vierzylinder und den 320i sowie die frühen Exemplare des 323i reserviert war. Undichtigkeiten am Differenzial treten häufig im Bereich des Gehäusedeckels auf. Ein Austausch der Dichtung ist in der Regel ausreichend. Prüfen Sie auch, ob die Ausgänge der Antriebswellen trocken sind. Ölmangel oder Verunreinigungen lassen das Differenzial vorzeitig verschleißen; erkennbar ist dies an einem heulenden Geräusch beim Beschleunigen (zu großes Zahnflankenspiel). Defekte Lagerbuchsen des Differenzials machen sich durch dröhnende oder klappernde Geräusche bemerkbar.

Am gesamten Unterboden sollten keine Ölspuren zu sehen sein. Ein leichter Ölnebel im Bereich der Motorentlüftung ist unbedenklich.

Die Testfahrt

++ 4 | + 3 | o 2 | – 1

Eine ausgiebige Probefahrt ist unbedingt notwendig! Prüfen Sie dabei alle Funktionen, einschließlich Klimaanlage, Heizung, Radio etc. Betätigen Sie alle Knöpfe und Schalter. Fahren Sie den Motor zunächst ausreichend warm. Wählen Sie eine möglichst abwechslungsreiche Strecke mit Stadtverkehr, Landstraße und Autobahn. Geben Sie auf Strecken, wo der Verkehr und die Geschwindigkeitsbeschränkungen es zulassen, ruhig etwas mehr Gas. Bewerten Sie die korrekten Funktionen, das Fahrgefühl, die Bremsen, Beschleunigung und Gangwechsel sowie das Ausmaß der „Freude am Fahren".

Warnleuchten und Instrumente

++ 4 | + 3 | o 2 | – 1

Ob der Tachometer funktioniert, merken Sie bereits beim Losfahren, achten Sie aber unbedingt darauf, ob auch der Kilometerzähler korrekt anzeigt – ansonsten wäre der angezeigte

Kilometerstand bedeutungslos. Die Ladekontrollleuchte sowie die Kontrollleuchten für ABS und Öldruck sollten beim Drehen des Zündschlüssels aufleuchten und sobald der Motor läuft wieder erlöschen.

Alle Kontrollleuchten sollten beim Einschalten der Zündung angehen und beim Starten wieder erlöschen.

++ + o –
4 3 2 1

Kaltstart

Innerhalb von drei Sekunden sollte der Motor anspringen und sauber rundlaufen. Langsames und mühsames Durchdrehen beim Anlassen, Fehlzündungen und unrunder Leerlauf deuten auf technische Probleme hin.
Der Wagen sollte natürlich nicht vor der Probefahrt von seinem Besitzer bereits auf Betriebstemperatur gebracht worden sein.

Weil an dieser hydraulischen Kupplungseinheit eine Dichtung fehlt, konnte die Hydraulikflüssigkeit austreten und hat den Halter schon fast komplett weggefressen.

++ + o –
4 3 2 1

Kupplung

Im Vergleich zu modernen Fahrzeugen darf sich die E30-Kupplung ruhig ein wenig schwergängiger anfühlen, sie sollte sich aber schnell lösen lassen und progressiv arbeiten. Sie sollte im ersten Drittel des Pedalwegs einsetzen und im oberen Drittel für Kraftschluss gesorgt haben. Getriebegeräusche beim normalen Fahren könnten auf eine defekte Kupplung oder ein verschlissenes Ausrücklager hindeuten.

++ + o –
4 3 2 1

Das Schaltgefühl

Alle Gänge sollten sich präzise und geräuschfrei einlegen lassen. Getriebegeräusche oder ein Krachen beim Einlegen der Gänge deuten auf größere Probleme hin.

Eine der E30-Stärken: Die direkte Lenkung. Sie sollte sich leicht und präzise bedienen lassen.

++ + o –
4 3 2 1

Das Lenkgefühl

Fahrzeuge ohne Servolenkung erfordern beim Rangieren im Stand eine etwas größere Kraftanstrengungen, beim Fahren sollte dieses Gefühl dann verschwinden. Es dürfen keine Vibrationen aus der Lenkung spürbar sein, und der Wagen sollte auf alle Lenkimpulse sensibel und genau reagieren. Das Handling ist eine der Stärken dieser Baureihe und das sollte auch heute noch spür- und erlebbar sein. Bei Geradeausfahrt muss das Lenkrad in der Mittelposition stehen. Das Fahrzeug muss sich in allen Geschwindigkeitsbereichen spurtreu verhalten, ansonsten muss das Fahrwerk eingestellt werden oder es handelt sich um die Auswirkungen eines Unfallschadens.

++ + o –
4 3 2 1

Bremsen und Handbremse

Auch hier kommt dem Fahrer eines modernen Fahrzeugs der nötige Pedaldruck vielleicht etwas groß vor, aber die Bremsleistung des E30 ist allemal ausreichend genug, um effiziente Verzögerungswerte zu erzielen. Das Fahrzeug darf beim Bremsen nicht einseitig ziehen und es sollten auch keine Vibrationen beim Bremsen zu spüren sein.
Die Handbremse (3 bis 4 Klicks optimal) muss den Wagen auf einem abschüssigen Straßenabschnitt sicher halten.

++ + o –
Geräusche
4 3 2 1

Das Fahrzeug wurde mit Blick auf eine anspruchsvolle Kundschaft konstruiert, entsprechend Wert wurde daher auf eine angenehme Innengeräuschkulisse gelegt. Ein normales Gespräch sollte auch bei Autobahn-Tempo möglich sein und der Motorsound sollte nur beim Beschleunigen intensiv hervortreten.

Mechanische Geräusche, Heul-, Klapper- und Pfeiftöne sollten hingegen überhaupt nicht auftreten. Ein einfacher Test, um mechanische Probleme zu identifizieren: Fahren Sie mit ca. 80 km/h im dritten Gang, gehen Sie nun kurz vom Gas um anschließend gleich wieder ruckartig zu beschleunigen. Hören Sie nun ein schlagendes Geräusch können verschiedene Schäden vorliegen: Motorlager, Getriebelager, Hauptlager und Hardy-Scheiben der Kardanwelle oder die Antriebswellen wären hier die möglichen Kandidaten.

++ + o –
Leistung
4 3 2 1

Auch die schwächer motorisierten E30-Varianten sollten sich spritzig und dynamisch bewegen lassen. Im Stadtverkehr haben die Vierzylindervarianten gegenüber ihren großen Brüdern dank des etwas niedrigeren Gesamtgewichts Vorteile, bei schnellen Autobahnfahrten können die Sechszylinder ihre Vorteile ausspielen.

Auch heute noch schnell: Dieser 325i verspricht auch auf der Rennstrecke Freude am Fahren.

In Kapitel 17 finden Sie eine Auflistung aller Leistungsdaten. Obwohl es immer eine gewisse Serienstreuung gibt, sollte das angebotene Fahrzeug doch annähernd die werksseitig angegeben Werte erreichen können.

++ + o –
Öldruck
4 3 2 1

Die Öldruck-Warnleuchte sollte erlöschen, sobald der Motor gestartet wurde. Tut sie dies nur verzögert, ist der Motor eventuell verschlissen.

++ + o –
Ladefunktion
4 3 2 1

Die Spannung der Batterie sollte im Leerlauf zwischen 13,5 Volt und 14,6 Volt liegen, Diese Werte sollten auch nicht unterschritten werden, wenn zusätzlich elektrische Verbraucher wie Gebläse, Heckscheibenheizung und die Beleuchtung eingeschaltet werden.

++ + o –
Bedienelemente
4 3 2 1

Machen Sie sich mit allen wichtigen Bedienelementen wie Licht, Blinker und Scheibenwischer vertraut, bevor Sie zur Probefahrt aufbrechen.

++ + o –
Schalter
4 3 2 1

Alle elektrischen Schalter im Fahrzeug sollten sich leicht bedienen lassen und funktionieren.

Auf der Hebebühne

Eine Hebebühne erlaubt es Ihnen, den Zustand eines Fahrzeugs optimal einschätzen zu können. In vielen Werkstätten können Sie kurzzeitig eine Hebebühne mieten, Mietwerkstätten berechnen ca. 10.- Euro pro Stunde dafür, meistens steht Ihnen auch das Personal mit Rat und Tat zur Seite. Hier können Sie in aller Ruhe die aufgelisteten kritischen Punkte genau unter die Lupe nehmen. Korrosionsbereiche unter dem Fahrzeug lassen sich dabei genau so einfach inspizieren wie Auspuff, Kardanwelle, Fahrwerksteile und Bremsen. Achten Sie auch auf Flüssigkeitsverluste nach der Probefahrt. Bewerten Sie abschließend den Gesamteindruck.

Nach Abschluss Ihrer Probefahrt sollten Sie Kühler und Motor auf Dichtheit überprüfen.

Auswertung
Addieren Sie die Punkte:

Bis 192 Punkte: sehr gut
Bis 144 Punkte: gut
Bis 96 Punkte: ausreichend
Bis 48 Punkte: schlecht

Fahrzeuge, die mehr als 134 Punkte erreichen, sind sofort einsatzfähig und benötigen nur normale Wartung und Pflege, um sie in einem guten Zustand zu erhalten. Hat ein zum Verkauf stehender Kandidat zwischen 99 und 133 Punkte erreicht, müssen Sie genau abwägen, ob die anstehenden Investitionen dem späteren Wiederverkaufswert entsprechen. Bei Fahrzeugen, die zwischen 55 und 98 Punkte erreicht haben, müssen umfangreiche Reparaturen durchgeführt werden.
Generell gilt: Jedes Exemplar unter 48 Punkte wird ein gehöriges Budget verschlingen. Eine Komplettrestaurierung, um das Fahrzeug wieder in straßentauglichen Zustand zu versetzen, ist wirtschaftlich nicht sinnvoll, weil Sie das investierte Geld bei einem Wiederverkauf nicht wieder herausbekommen werden. Also ein reines Liebhaberprojekt!

10 Auktionen – ein anderer Weg zum Traumwagen

Pro und Kontra

Pro: Die Preise sind im Allgemeinen niedriger als bei Händlern oder privaten Verkäufern und man kann möglicherweise ein echtes Schnäppchen machen. Professionelle Versteigerer haben zumeist alle Formalitäten mit dem Verkäufer erledigt.

Kontra: Man muss allein der Beschreibung im Katalog vertrauen. Die Möglichkeiten zur Überprüfung sind begrenzt und eine Probefahrt ist nicht möglich. Auktionsmodelle sind oft in einem unterdurchschnittlichen Zustand und verlangen nach zusätzlichen Reparaturen.

Welche Auktion?

Die Veranstaltungen der etablierten Auktionshäuser werden in Automobilmagazinen oder auf den Internetseiten der Unternehmen angekündigt. Der Katalog oder eine einfache Aufstellung der zum Aufruf kommenden Modelle ist erst kurz vor der Auktion erhältlich. Allerdings veröffentlichen die Unternehmen ihre Angebote auch schon früher auf ihren Internetseiten. Nehmen Sie Kontakt mit dem Auktionshaus auf, um die Ausrufpreise zu erfahren. Details der bereits gelaufenen Auktionen sind zumeist im Netz zu erfahren und ein guter Indikator.

Katalog, Eintrittsgelder und Zahlungsmodalitäten

Der Katalog fungiert oftmals auch als Eintrittskarte für zwei Personen während der Besichtigungstage und für die Auktion selbst. Die Angaben in den Katalogen sind zumeist kurz und knapp, enthalten aber in der Regel Angaben über die Zahl der Besitzer, den Kilometerstand und die Wartungsgeschichte des Wagens. Der angegebene Ausrufpreis gibt eine erste Andeutung, in welchen Kategorien man sich bewegt, und gleichzeitig werden im Katalog auch die verschiedenen Zahlungsformen sowie das verlangte Aufgeld angegeben. Zumeist verlangt der Auktionator Barzahlung, es sind aber auch andere Modalitäten wie Zahlung mit Kreditkarte oder mittels eines von der Bank bestätigten Schecks möglich. Kein Fahrzeug wird herausgegeben, bevor nicht alle Zahlungsmodalitäten geklärt sind. Bei Verzögerungen kann der Auktionator Lagergebühren verlangen.

Aufgeld

Bei der Kalkulation darf man unter keinen Umständen das Aufgeld vergessen. Daneben können noch andere Steuern fällig werden.

Besichtigung

Bei den meisten Auktionen ist vorab eine Besichtigung der Wagen möglich. Hilfskräfte des Auktionators sind dabei durchaus bereit, die Motor- oder Kofferraumhaube zu öffnen und sie werden es auch zulassen, dass man den Innenraum besichtigt. Der Motor kann zwar gestartet werden, eine Probefahrt aber ist absolut ausgeschlossen. Man darf den Wagen auch von unten überprüfen, aber mit Sicherheit wird man die Bitte, den Wagen auf eine Bühne zu stellen, ablehnen. Man kann allerdings die wichtigsten Dokumente einsehen.

Bieten

Bevor man sich an einer Auktion beteiligt, sollte man sich unbedingt über sein persönliches Höchstgebot im Klaren sein und – auch wenn es mitunter schwer fallen mag – dabei bleiben.

Bis das begehrte Auto aufgerufen wird, vergeht meistens einige Zeit, die man nutzen kann, um die anderen Bieter zu beobachten. Ist der anvisierte Wagen an der Reihe, sollte man die Aufmerksamkeit des Auktionators auf sich ziehen indem man ein frühes Gebot abgibt. Der Auktionator wird dann immer zu Ihnen blicken, um eine Reaktion auf ein Gebot zu bekommen. Zumeist wird in genau definierten Schritten gesteigert, was sich erst ändern kann, wenn die Gebote langsamer kommen. Dann werden auch kleinere Schritte akzeptiert. Wenn man sich aus dem Gebotgefecht verabschieden will, sollte man dies dem Auktionator unmissverständlich signalisieren – ein deutliches Kopfschütteln sollte reichen.
Bei einem erfolgreichen Gebot notiert sich der Auktionator die Nummer Ihrer Karte, und von nun an sind Sie für den Wagen verantwortlich.
Wird der Wagen nicht verkauft, weil er schlicht kein ausreichendes Interesse fand oder unter dem Ausrufpreis blieb, gibt es immer noch die Möglichkeit, mit dem Besitzer – unter Vermittlung des Auktionators – direkt zu verhandeln.

Erfolgreiches Gebot

Bereits im Vorfeld sollte man sich für diesen Fall ein paar Gedanken gemacht haben. Wie wird der Wagen nach Hause transportiert und welche Versicherung wird dafür benötigt? Die Versicherungsfrage sollte man auf jeden Fall bereits vor der Auktion geklärt haben. Ist der Wagen nicht fahrbereit: Kann man ihn auf einem Anhänger transportieren oder muss man die Aufgabe an ein qualifiziertes Unternehmen delegieren? Das Auktionshaus verfügt zudem ebenfalls über entsprechende Adressen.

eBay und andere Internet-Auktionen

Bei eBay und anderen Internet-Auktionshäusern kann man durchaus für einen günstigen Preis an seinen Traum-Klassiker kommen, doch sollte man nicht auf eine vorgehende gründliche Untersuchung des Wagens vor Ort verzichten. Die meisten Anbieter ermutigen die Interessenten sogar ausdrücklich dazu. Bei eBay wird stets der Standort des Wagens genannt, sodass man sich ein Angebot in erreichbarer Nähe aussuchen kann. Seien Sie darauf vorbereitet, in letzter Minute überboten zu werden. Sie sollten sich darüber im Klaren sein, dass Ihr Gebot bindend ist, es aber andererseits sehr schwer ist, einen betrügerischen Anbieter vor Gericht zur Rechenschaft zu ziehen. Immer wieder kommt es auch zum Verkauf von „Geisterwagen". Daher sollte man sicherstellen, dass der in Frage kommende Wagen tatsächlich existiert und sich nicht voreilig von seinem Geld trennen.

Um Standgebühren nach der Auktion zu vermeiden, sollten Sie den Transport im Vorfeld planen.

11 Papiere für eine vollständige Dokumentation

Klassische Automobile oder Sammlerautos werden im Allgemeinen von umfangreichen Papieren begleitet, die beim Verkauf weitergereicht werden. Mittels dieser Dokumentation lässt sich die exakte Geschichte des Wagens nachvollziehen und außerdem wird so der Umfang von Pflege, Wartungs- und Restaurierungsarbeiten deutlich. Für den neuen Besitzer sind derartige Dokumente außerordentlich wertvoll und wenn der Verkäufer diese nicht vorweisen kann, sollte man als Interessent misstrauisch werden.

Zulassung

Alle Länder verfügen über ein Registrierungssystem für Automobile – wie dem so genannten „Pink Slip" in den USA oder dem Kraftfahrzeugbrief in Deutschland.
Dabei ist es wichtig, dass die Unterlagen im Original vorliegen und vollständig sind, dass sie sich auf den in Frage kommenden Wagen beziehen und dass alle Details wie Motor- und Fahrgestellnummer korrekt angegeben sind. Alle früheren Besitzer sind ausschließlich im Kraftfahrzeugbrief aufgeführt. Daher sollte man sich nicht mit dem Kfz-Schein begnügen, in dem ja nur der aktuelle Besitzer angegeben ist.
Vergleichen Sie alle Angaben im Brief mit dem Typenschild, das im Fahrzeug montiert ist. Besitzt der Wagen eine ausländische Zulassung, sollte man sich vorab bei den entsprechenden Stellen wie dem Zoll informieren, welche Formalitäten bei der Einführung des Wagens zu erledigen sind.

TÜV/Hauptuntersuchung

Auch Klassiker können der Hauptuntersuchung nicht entgehen. Bei dem Besichtigungstermin spielen daher die letzten HU-Berichte eine entscheidende Rolle bei der Beurteilung des Objektes der Begierde. Also sollte man sich diese Unterlagen unbedingt zeigen lassen und bei Bedarf darauf bestehen, dass die von den Prüfern verlangten Reparaturen durch entsprechende Rechnungen dokumentiert werden. Auch wenn der Wagen nicht mehr zugelassen ist, sollte man nicht darauf verzichten. So offenbaren sich mitunter schon vor der ersten genaueren Besichtigung mögliche gravierende Schwachpunkte. Sind diese Unterlagen nicht vorhanden, ist es durchaus möglich, dass der Verkäufer etwas zu verbergen hat.

Zulassung

Ist das Fahrzeug noch zugelassen, ist eine Ummeldung relativ unproblematisch. Wer viel Zeit, Geduld und Lust auf Bürokratie hat, kann selbst zum Straßenverkehrsamt fahren und dort seinen Wagen ummelden. Dazu benötigt man Kraftfahrzeugbrief, -schein, elektronische Versicherungsbestätigung (eVB), HU-/AU-Unterlagen, Personalausweis und Bargeld für die fälligen Gebühren und die neuen Kennzeichen. Hat man sich die Kennzeichen besorgt und montiert, steht der weiteren Fahrt nichts mehr im Weg.
Besitzt der Wagen keine Zulassung mehr, interessiert sich zunächst der TÜV für das Fahrzeug. Je nach Herkunft und Dauer der Abmeldung kann der TÜV auf einer Einzelabnahme bestehen, für die eine ausführliche technische Dokumentation notwendig ist. Ist diese Hürde genommen, begibt man sich zur Zulassungsstelle. Wenn man Zeit sparen will, kann man auch entsprechende Dienstleister in Anspruch nehmen, die gegen eine Gebühr die Zulassung organisieren.

Bewertung

Mitunter hat der Verkäufer ein Wertgutachten von einer anerkannten Organisation wie DEKRA, DAT oder Classic Data anfertigen lassen, aus dem der Wert des Modells hervorgeht. Im Allgemeinen stellen solche Dokumente allerdings lediglich eine unverbindliche Richtgröße für den tatsächlichen Preis dar.

Service-Historie

Häufig werden diese Wagen von ihren (hoffentlich fähigen) Besitzern selbst gewartet. Trotzdem sollte man so viele Details der Service-Historie wie möglich in Erfahrung bringen. Dabei kommt den Bescheinigungen und Rechnungen von Markenhändlern oder Fachbetrieben eine ganz besondere Bedeutung zu. Tatsächlich sind alle Papiere bei der Dokumentation wichtig: Vom ersten Kaufvertrag bis zum Wartungsheft bekommt man so Antworten auf wichtige Fragen zu der Geschichte des Fahrzeugs. Besonders ein Katalog des Modells aus dem entsprechenden Baujahr ist eine wichtige Informationsquelle und sollte, falls nicht bereits vorhanden, so schnell wie möglich erworben werden. Die Behauptung des Besitzers, dass der Wagen restauriert worden sei, sollte man sich immer durch die entsprechenden Unterlagen belegen lassen.

Wenn der Verkäufer erklärt, den Service selbst vorgenommen zu haben, sollte man fragen, wann die Arbeiten ausgeführt wurden und nach entsprechenden Hinweisen suchen. Im besten Fall deckt sich Ihre Einschätzung des Gesamtzustands mit den Angaben des Verkäufers.

Restaurierungs-Fotos

Größere Restaurierungsmaßnahmen werden in der Regel mit einer Vielzahl von Fotos dokumentiert. Die aus verschiedenen Winkeln gemachten Aufnahmen helfen dabei, Umfang und Qualität der Arbeiten einzuschätzen. Wenn Sie den Wagen kaufen, bitten Sie den Verkäufer, Ihnen die Fotos zu überlassen, weil sie ein wichtiger Teil der Geschichte des Fahrzeugs sind. Es ist erstaunlich, wie viele Besitzer bereit sind, sich zwar von ihrem Wagen zu trennen, die Fotos aber als Erinnerungsstücke behalten wollen. In einem solchen Fall kann man sich vermutlich auf Abzüge von den Originalen einigen.

12 Wie viel ist „er" wert?

Herz und Verstand

Eigentlich „weiß" man sofort, welcher 3er für einen der richtige ist. Es ist der, der Sie stets zum Lächeln bringt und Ihr Herz so rasen lässt, wie Sie es von Ihrer ersten Liebe her noch kennen. Dennoch sollten Sie Ihrem Herz nicht den Vorrang gegenüber dem Verstand einräumen. Treffen Sie die falsche Entscheidung, wird die Liebe rasch vergehen, und womöglich kommen Probleme auf Sie zu.

Zustand

Wenn Sie ein Liebhaber- oder Sammlerfahrzeug suchen, ist Originalität das wichtigste Kriterium.

Wenn Sie sich die Mühe gemacht haben und den in Frage kommenden Wagen nach dem Bewertungssystem in Kapitel 9 begutachtet haben, wissen Sie nun, ob sich das Fahrzeug in einem exzellenten, guten, durchschnittlichen oder schlechten Zustand oder irgendwo dazwischen befindet. Unterbreiten Sie dem Verkäufer nach dem Ergebnis Ihrer Inspektion einen Preis, bei dem Sie die geschätzten Kosten für die notwendigen Reparaturen berücksichtigt haben.
Viele Fachmagazine (z.B.: *Oldtimer Markt*) veröffentlichen regelmäßig eine Preisübersicht. Als sehr hilfreich erweist sich auch der *Oldtimer Katalog* aus dem HEEL Verlag, ein jährlich neu erscheinender Marktführer. Auktionspreise und Angebote von großen Online-Portalen wie Autoscout24.de oder Mobile.de geben ebenfalls wichtige Anhaltspunkte. Klassiker haben sich in den vergangenen Jahren als relativ wertstabil erwiesen, jedoch sorgen Trends und Nachfrage nach bestimmten Modellen immer wieder für eine Verschiebung der Preise. Die angegebenen Preise sind auch abhängig von den Bewertungsmaßstäben, die die jeweiligen Zeitschriften anlegen, sodass man unbedingt die entsprechenden Fußnoten lesen muss. Außerdem sollte man sich darüber im Klaren sein, dass für einen preisgekrönten Concours-Sieger immer eine Kaufsumme aufgerufen werden wird, die über dem aktuellen Marktwert liegt. Davon ausgehend, dass der angebotene Wagen von diesem Zustand weit entfernt ist, muss man den verlangten Preis in Relation zu dem tatsächlichen Zustand sehen. Bevor man nun mit dem Handeln beginnt, gilt es zu bedenken, dass sich vorhandene Zusatzausstattungen immer auf den Preis auswirken. Wenn Sie den Wagen von einem Händler kaufen, berücksichtigen Sie dessen einkalkulierte Gewinnspanne.

Gewährleistung

Professionelle Händler müssen (außer bei Vermittlung von Privatverkäufen) für sämtliche Komponenten der von Ihnen verkauften Fahrzeuge ein Jahr Garantie gewähren. Schauen Sie sich dennoch die Seriosität des Händlers an – ist seine Werkstatt hinreichend ausgerüstet, um einen BMW E30 zu reparieren? Was ist von der Garantie gedeckt? Wie weit wohnen Sie vom Händler entfernt? Wie bekommen Sie ggf. das Fahrzeug dorthin zurück? Überlegen Sie den Abschluss einer Zusatzgarantie. Fragen Sie sich auch, ob der Händler den Eindruck macht, dass er am Ende der Garantiefrist auch noch existieren wird. Außer bei einem offiziellen BMW-Händler sollten Sie sich bei der Kaufentscheidung nicht durch eine Garantiezusage beeinflussen lassen, denn in neun von zehn Fällen wird es trotzdem Scherereien bei der Durchsetzung Ihrer Ansprüche geben, und nicht immer geht der Streit zugunsten des

Käufers aus. Es kann günstiger sein, auf die Garantie zu verzichten und stattdessen einen Preisnachlass herauszuhandeln.
Beim Privatverkauf bedarf es in der Regel einer Klage, um Ansprüche wegen falscher oder unterlassener Angaben zu Zustand und Reparaturen durchzusetzen.

Inspektion vor dem Kauf

Wenn auch in diesem Buch viele Dinge beschrieben sind, die der Käufer selbst überprüfen kann, so wird doch dringend empfohlen, vor dem Kauf den Wagen zur Inspektion bei einem Fachmann (also in der Regel dem offiziellen BMW-Händler) vorzuführen. Ein solcher Fachmann wird auch Unregelmäßigkeiten in den Zulassungspapieren aufspüren, was angesichts der Beliebtheit des Modells bei Dieben gar nicht so selten vorkommt. Auch Veränderungen oder die illegale Nutzung einer Fahrgestellnummer können in einer Fachwerkstatt überprüft werden. Eine solche Inspektion kostet zwar Geld, aber das ist gut investiert.

Vertragsabschluss

Verhandeln Sie auf der Basis Ihrer Zustandsnoten, der Kilometerleistung und der Reparaturkosten für erkannte Mängel. Beachten Sie auch die Fahrzeugausstattung. Seien Sie bei der Bewertung realistisch, aber nicht zu stur, denn oft macht erst ein kleines, nicht teures Entgegenkommen den Verkauf möglich. Machen Sie dem Verkäufer aufgrund Ihres Untersuchungsergebnisses – und der wahrscheinlichen Reparaturkosten – klar, wie der von Ihnen gebotene Preis zustande kommt. Bedenken Sie dabei, dass bestimmte Modelle einen höheren Preis erzielen als theoretisch errechnet. Haben Sie anhand dieser Kriterien oder Hinweisen aus anderen Quellen einen Mangel entdeckt, dessen Behebung kostspielig ist, so bestehen Sie darauf, dass diese Reparaturkosten vom Kaufpreis abgezogen werden. Ein nicht voll funktionsfähiges Elektronikbauteil kann schon weit über tausend Euro kosten, warum sollten Sie diese aus Ihrer Tasche berappen, wenn die Notwendigkeit der Reparatur bereits offenkundig geworden ist? Besser nehmen Sie vom Kauf Abstand, als dass Sie sich jetzt vom Gefühl leiten lassen und es später bereuen. Es gibt immer irgendwo ein noch besseres Angebot.

Suchen Sie ein Fahrzeug zum Schnellfahren oder für die Rennstrecke – für letzteren Fall sind andere Dinge ausschlaggebend.

13 Restaurieren – ja oder nein?

Auch wenn der 3er E30 den Ruf eines sehr wartungsfreundlichen Autos genießt, erleichtern Erfahrung und Geschicklichkeit erfahrungsgemäß die Reparaturarbeiten und den Zusammenbau. Der E30 ist zwar im Vergleich zu späteren 3er-Generationen wie E46 oder E90 noch relativ einfach aufgebaut und mit wenig Elektronik ausgestattet, aber spätestens der M3 als Spitzenerzeugnis der BMW-Ingenieurskunst bietet so gut wie keinen Ansatzpunkt für eine Do-it-yourself-Restaurierung mit Amateurhalbwissen. Umfangreiche Werkstattliteratur – im besten Fall vom Hersteller selbst – ist unerlässlich, denn eine ordentliche Reparatur an einem E30 duldet keine Schlamperei.

Fragen und Antworten

In einigen Fällen kann es sich wirklich rentieren, einen Wagen zu kaufen, der überschaubare Arbeiten verlangt, um wieder auf der Straße rollen zu können. Allerdings muss man hier genau selektieren aus einer Vielzahl von Fahrzeugen, die oberflächlich betrachtet nur ein wenig Aufarbeitung erfordern, jedoch in Wirklichkeit Kandidaten für einen kompletten Neuaufbau sind.

Die Ersatzteilsituation beim E30 ist – abgesehen von wenigen Ausnahmen – sehr unproblematisch. Häufig kann jeder BMW-Händler weiterhelfen, da viele Teile noch werksseitig lieferbar sind.

Ausreichend Platz zum Schrauben sollte vorhanden sein, sonst wird es schwierig und gefährlich. Denken Sie auch an genügend Stauraum für abmontierte Teile.

Generell gilt es, sich im Vorfeld in Sachen Restaurierung über einige wichtige Punkte im Klaren zu sein: Besitzen Sie tatsächlich das Talent, die Möglichkeiten und – noch wichtiger – die Zeit, um sich der Herausforderung einer Komplettrestaurierung mit all den möglichen Komplikationen zu stellen?

Bei einer Restaurierung wird es notwendig werden, Originalteile zu kaufen. Natürlich kann man sich auch in einigen Fällen mit gebrauchten Teilen zufrieden geben, doch sind es die Originalteile, die sehr kostspielig sind, zudem wenn man zur Montage auf die Hilfe eines Fachbetriebes – mit gutem Ruf und BMW-Erfahrung – angewiesen ist.

Außerdem müssen Sie auch den Platzbedarf für eine Restaurierung berücksichtigen. Eine große und trockene Garage und ein guter Werkzeugbestand sind Grundvoraussetzung. Haben Sie das BMW-Karosserie-Reparaturhandbuch und die Reparaturhandbücher für den 3er im Regal stehen? Haben Sie die Möglichkeiten, den Motor auszubauen? Wird die Restaurierung wirklich nur ein Jahr dauern? Oder sind 24 Monate realistischer?

Doch so eine Komplettrestaurierung bleibt immer ein finanzielles Abenteuer. Nicht selten verschlingen solche Projekte mehr Geld als das Fahrzeug nach Abschluss der Arbeiten wert ist. Wenn man die Summe für eine Totalrestaurierung direkt beim Kauf investiert, kann dies für wesentlich mehr Fahrvergnügen sorgen – bei deutlich weniger Arbeit.

Daher sollte man immer die Regel befolgen, den bestmöglichen E30 zu kaufen, den man sich leisten kann. Bei Modellen in restaurierungsbedürftigem Zustand muss man unter allen Umständen vermeiden, viel Geld für einen Haufen wertlosen Schrott zu bezahlen.

14 Lackprobleme

Lackprobleme entstehen zumeist aufgrund unzureichender Vorarbeiten für eine Neulackierung oder Ausbesserung. Einige der folgenden Probleme werden Sie bei der Klassiker-Suche häufiger antreffen.

Orangenhaut

Die ungleichmäßige Lackoberfläche erinnert an die Schale einer Orange. Das Problem entsteht, wenn der Lack zu wenig verdünnt wurde (häufig auch in Kombination mit einem zu großen Sprühabstand). Auch extreme Temperaturunterschiede zwischen der Umgebung und der zu lackierenden Oberfläche fördern die Bildung einer Orangenhaut. Dieser Effekt lässt sich in leichteren Fällen mit einer entsprechenden Politur oder sehr feinem Schleifpapier beseitigen. Je nach Ausmaß dieses Lackierfehlers ist eine Neulackierung empfehlenswert. Hier hilft auf jeden Fall die Begutachtung durch einen Experten.

Risse

Risse im Lack können vor allem durch zu viel Spachtelmasse entstehen. Wird dem Lack zu viel Härter beigemischt oder besteht eine Unverträglichkeit zwischen der neu aufgetragenen Farbsorte und der bereits vorhandenen Lackierung, kann es ebenfalls zu diesen Erscheinungen kommen. Bei einer umfassenden Restaurierung sollte man vor der Neulackierung sämtliche Lackschichten entfernen, um dieses Problem sicher auszuschließen.

Haarrisse

Wenn sich feine Haarrisse über die Lackoberfläche verteilen, liegt häufig eine Unverträglichkeit des Lacks mit der verwendeten Grundierung vor. In diesem Fall muss man sich Gedanken über eine Neulackierung machen.

Blasen

Korrosion unter der Lackierung verursacht unweigerlich Blasen. Werden sie erst einmal richtig sichtbar, ist der Schaden an den Blechen vermutlich ziemlich groß. Vor einer Neulackierung muss in diesen Fällen zunächst das betroffene Blech repariert werden.

Aus der Ferne sieht so eine Billiglackierung gar nicht mal schlecht aus. Steht man aber direkt vor dem Fahrzeug, sieht man die Wellen im Lack und die unterschiedlichen Farbtöne.

Schlechte Vorarbeiten und falsch verarbeitete Spachtelmasse führen später zu solchen Rissen im Lack.

Typisch: Rost an den Radläufen. Die Rostentfernung mit der Drahtbürste wird an dieser Stelle drei Löcher im Blech hinterlassen, die anschließend verschlossen werden müssen.

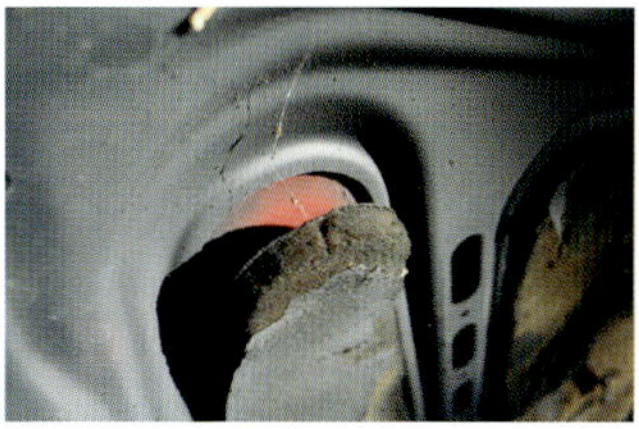

An versteckten Stellen, wie hier unter der Motorhauben-Dämmung, kann man erkennen, ob das Fahrzeug noch den Original-Farbton hat.

Solche Aufkleber am Stoßdämpferdom im Motorraum geben Auskunft über den originalen BMW-Farbton.

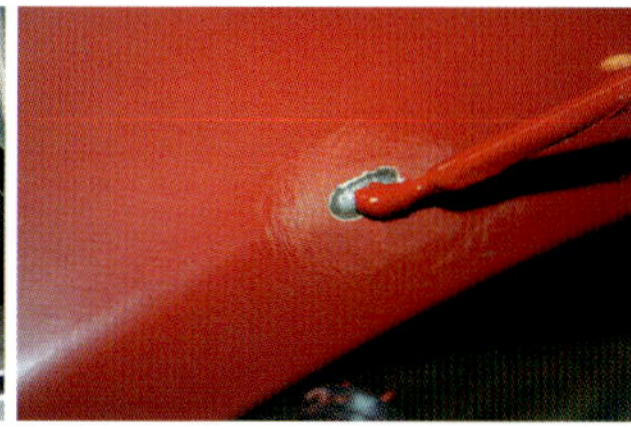

Mit dem Lackstift im Originalfarbton lassen sich Steinschlag-Schäden vorläufig behandeln, um Rost an dieser Stelle zu verhindern. Später kann die Stelle dann richtig ausgebessert werden.

Mikroblasen

Diese Blasen lassen auf eine preiswerte Lackierung schließen, bei der die Oberfläche nicht gründlich trocknen konnte. Am besten holt man sich Rat bei einem Spezialisten, doch wird man häufig in dem betroffenen Bereich die alte Lackierung vollständig entfernen müssen. Als Ursache für die Blasen kommen aber auch Fahrzeugabdeckungen in Frage, die nicht „atmen".

Verblassen

Einige Farben, vor allem Rot, neigen dazu, bei starker Sonneneinstrahlung und ohne Schutz durch entsprechende Politur zu verblassen. Wenn eine Behandlung mit einem Lackreiniger nicht ausreicht, kommt man um eine Neulackierung nicht herum.

Abblättern

Vor allem bei Metallic-Lackierungen kann es vorkommen, dass der Klarlack abblättert. Schlecht aufgetragener Einschicht-Lack zeigt ebenfalls diese Erscheinung. Konsequenterweise muss das Fahrzeug auch in diesen Fällen neu lackiert werden.

Einschlüsse

Wenn bei den Vorbereitungen zum Lackieren und beim eigentlichen Lackiervorgang nicht auf Sauberkeit geachtet wurde, kommt es zu Staub- und Schmutzeinschlüssen, die sich nicht ohne weiteres entfernen lassen. Hier hilft nur eine vollständige Neulackierung.

Beulen

Kleinere Beulen lassen sich leicht vom „ Beulen-Doktor" (Adressen im Internet) sanft und meistens ohne Folgen für den Lack aus dem Blech ziehen, sofern die Lackoberfläche noch intakt ist. Auf jeden Fall sollte man berücksichtigen, dass bei vielen Oldtimern dickere Bleche verwendet wurden als bei heutigen Fahrzeugen und sich dadurch die Arbeit des Beulen-Doktors manchmal schwieriger – und somit teurer als angenommen – gestalten kann.

15 Konditionsprobleme

Je nach dem wie lange und vor allem wo (gut belüftete Garage oder im Freien) der E30 gestanden hat, können sich gravierende Konditionsprobleme eingestellt haben, die hier im Folgenden angesprochen werden sollen.

Unterbodenrost

Wenn ein Fahrzeug lange im Freien gestanden hat – im schlimmsten Fall auf einer Wiese –, sollten Sie auf jeden Fall den Unterboden ganz genau untersuchen. Unter diesen Bedingungen breitet sich Rost schnell aus, übrigens auch unter dem Unterbodenschutz, so dass betroffene Stellen nicht gleich zu erkennen sind. Besonders freiliegende Bauteile, wie Bremsen und Auspuff, werden schnell angegriffen, aber sogar eine Trockenkupplung kann rosten.

Feuchtes Gras kann auf Dauer ein Auto von unten nach oben zerstören.

Festgerostete Teile

Metallkorrosion macht auch vor dem Motorinnleben nicht halt, so können zum Beispiel die Kolbenringe festkorrodieren. Der Versuch, den Motor anzulassen, ohne ihn vorher vorsichtig per Hand durchzudrehen, kann dann dazu führen, dass die Ringe brechen oder die Zylinderwände beschädigt werden mit entsprechenden Folgen für den Motor. Türscharniere und Schlösser können ebenfalls rosten und Probleme beim Öffnen bereiten. Treffen Aluminium und Stahl aufeinander, entsteht Kontaktkorrosion, so beispielsweise zwischen Alufelge und Radnabe. Im schlimmsten Fall sind diese beiden Bauteile so fest miteinander verbunden, dass sie nicht ohne Schäden voneinander getrennt werden können.
Die Kolben in den Sätteln der hydraulischen Bremse können z.B. als Folge von defekten Dichtgummis korrodieren und festgehen. Aber auch das in der Bremsflüssigkeit enthaltene Wasser fördert die Korrosion. Bremsflüssigkeit ist hygroskopisch, d. h. sie nimmt aus der Luft Feuchtigkeit auf. Deshalb sollte sie spätestens alle zwei Jahre ausgetauscht werden. Wird dies unterlassen, kann das Wasser nicht nur wie beschrieben zu Rost im Bremssystem (Bremskolben, Hauptbremszylinder), sondern auch zu Dampfblasenbildung bei heißer Bremse führen – katastrophales Bremsversagen wäre die Folge.
Die Bremsbeläge können an den Scheiben festkleben oder -korrodieren, die Scheiben können rosten.

Diese Benzinpumpe ist schon stark verrostet und auch die Halterung ist beschädigt. Fahrzeuge, die lange gestanden haben, sollten besonders genau auf solche verborgenen Schäden inspizieren werden.

Bremsscheibe mit Flugrost: Bei schlimmeren Rostschäden müssen die Bremsscheiben mit samt der Beläge gewechselt werden.

Die Handbremse kann bei klemmenden Zügen nicht mehr gelöst werden; nicht selten hat sich der Bremsbelag meist unlösbar mit der Bremstrommel verbunden.
Die Kupplung kann infolge Korrosion an der Schwungscheibe festkleben, wenn das Fahrzeug monatelang stillsteht.

Flüssigkeiten

Bei sehr langen Standzeiten kann es passieren, dass sich das Motoröl zersetzt und sich in seine Bestandteile aufspaltet. Abhängig vom Öltyp (mineralisch oder synthetisch) können sich säurehaltige, aggressive Rückständen bilden, die jedes Metallstück, das damit in Verbindung kommt, korrodieren lassen.
Bei fehlendem Frostschutz kann das Kühlsystem von innen her rosten. Die Froststopfen können herausfallen, Risse in Motorblock oder Zylinderkopf sind ebenfalls möglich. Schlammablagerungen, die vor allem den Kühler zusetzen, können Überhitzung verursachen.
Das Wasser in der Scheibenwaschanlage kann zu stocken anfangen. Es empfiehlt sich also, die alte Flüssigkeit komplett abzupumpen, bevor neue eingefüllt wird.
Auch Benzin und Diesel altern, heute schneller als früher. Verdampftes Benzin im Kraftstoffsystem hinterlässt Ablagerungen, die Einspritzdüsen und Vergaserdüsen verstopfen. Vor dem ersten Starten sollten Sie für frischen Kraftstoff sorgen und die Benzinpumpe zunächst einige Sekunden laufen lassen, damit der alte Sprit aus dem System gefördert wird.
Auch die Batterie leidet unter zu wenig Benutzung, regelmäßiges Laden und Kontrolle des Säurestand sind unerlässlich.

Reifen

Sonne und Witterungseinflüsse setzen auch den Reifen zu. Dieser Reifen hat zwar noch Profil, aber die Risse machen ihn zum Sicherheitsrisiko.

Reifen, die die Last des Autos längere Zeit nur in einer Position tragen, bilden Standplatten aus. Sie machen sich durch Vibrationen beim Fahren bemerkbar. In den Flanken können sich Risse bilden, die Gummimischung kann aushärten und damit zum Sicherheitsrisiko werden. Korrodierte Felgen sind nur mit hohem finanziellen Aufwand zu sanieren – oder zu ersetzen.
Sehen Sie sich das Profil genau an und achten Sie dabei auf feine Risse zwischen den Profilblöcken. Auch die vierstellige DOT-Nummer sollten Sie an allen vier Reifen checken. Die ersten beiden Ziffern geben Auskunft über die Produktionswoche, die hinteren beiden über das Jahr. Sollte keine vierstellige DOT-Nummer zu finden sein, ist der Reifen schon älter als zehn Jahre und in diesem Fall sowieso ein Fall für die Entsorgung. Oft wird die Außenflanke des Reifens aus optischen Gründen mit so genannter Reifenfarbe oder Reifenpflege behandelt, um ihr ein satt schwarzglänzendes Aussehen zu verleihen. Lassen Sie sich davon nicht blenden, sondern begutachten Sie bei voll eingeschlagener Lenkung auch die hintere Flanke des Reifens. Meist sieht diese Seite ganz anders aus ...
Die Profiltiefe ist kein Maßstab für den Zustand eines Reifens: Achten Sie auf Beschädigungen, Risse und die DOT-Nummern.

Fahrwerk

Nach langem Stillstand werden die Dichtungen der Stoßdämpfer undicht, so dass das als Dämpfungsmittel enthaltene Gas entweichen kann und die Stoßdämpfer wirkungslos werden. Defekte Stoßdämpfer machen sich unter anderem anfangs durch Knack- und Knarrgeräusche bemerkbar. Quietschende Geräusch deuten auf festgegangene oder zerstörte Fahrwerksbuchsen hin.

Verstellbare Fahrwerke (auf eine vorhandene Eintragung achten!) gehören bei der schnellen Fraktion zum guten Ton. Über ein außenliegendes Gewinde kann die Höhe bzw. Tiefe des Fahrzeugs eingestellt werden. Leider sind diese filigranen Außengewinde völlig ungeschützt und damit sehr anfällig für Korrosion und Beschädigung.

Gummi und Kunststoff

Auch Gummiteile wie Ventilschaftdichtungen, Domlager, Türdichtungen, Scheibenwischer, Keilriemen und sämtliche Arten von Schläuchen sind von dieser Form der Alterung betroffen. Sie werden porös und brechen, was im Falle der Benzinschläuche wenig angenehme Folgen hat.
Antriebswellen und Spurstangen besitzen Gummitüllen. Wenn diese Risse bekommen, können hier Wasser und Schmutz eindringen, was zu einem schnellen Verschleiß dieser Bauteile führt.
Die seitlichen Gummi-Zierleisten sind aus einem härteren Material und lassen sich meist mit einem Pflegemittel zu altem Glanz verhelfen. Die begrenzte Lebensdauer von nur etwa zehn Jahren bedeutet, dass Sie wirklich jedes Bauteil aus Gummi ganz genau auf Risse, Undichtigkeiten, Lecks und verdächtige Flecken untersuchen sollten.

Elektrik

Benötigt der Wagen bei der Probefahrt Starthilfe, dann ist die Batterie vermutlich tiefentladen und muss erneuert werden. Bei den Sechszylindermodellen sitzt die Batterie im Kofferraum.

Ablagerungen und Korrosion setzen den Kontakten, Schaltern und Relais zu. Regelmäßiger Gebrauch ist hier die beste Vorsorge und meistens geht bei täglich bewegten Fahrzeugen kaum etwas kaputt. Langes Stehen schont das Auto meist nicht, sondern sorgt für viele Defekte. Selten benutzte Komponenten, wie etwa die hinteren elektrischen Fensterheber leiden besonders unter mangelndem Einsatz. Checken Sie beim Kauf also wirklich jede elektrische Funktion. Manchmal hilft es, den Schalter mehrmals ein- und auszuschalten, um die Kontakte wieder freizubekommen. Alte Kabelverbindungen leiten manchmal den Strom nicht mehr zuverlässig, beim Fahren sorgen dann die Vibrationen für Wackelkontakte. In diesen Fällen sollten Sie die entsprechenden Verbindungen mit Kontaktspray behandeln.
Eine tiefentladene Batterie kann man zwar wieder aufladen, sie wird aber nie wieder ihre ursprüngliche Leistung erreichen. Daher sollten Sie sich lieber eine neue besorgen, um auf der sicheren Seite zu sein. Eine vollständig geladene Batterie sollte bei abgeschaltetem Motor eine Spannung von etwa 12,7 Volt aufweisen, ein Wert von 12,0 Volt bedeutet schon, dass die Batterie nicht mehr vollständig geladen ist, bei 11,5 Volt ist die Batterie vermutlich beschädigt.

Auspuff

Das Abgas enthält stets Wasser als Verbrennungsprodukt aus dem Motor. Bleibt es lange im Auspuff, wird es dort von innen her Rost verursachen. Von außen wird die Anlage in gleicher Weise von der Außenluft angegriffen, aber auch von Salz und Schmutz.

16 Wichtige Adressen und Ansprechpartner

Wer einen Klassiker wie den BMW E30 besitzt, wird früher oder später darüber nachdenken, sich einem Club oder einer Interessengemeinschaft anzuschließen. Ein Club bietet technische Unterstützung, hilft bei Fragen und es lassen sich Teile organisieren oder komplette Fahrzeuge kaufen. Auch stehen regelmäßige Treffen und Ausfahrten auf dem Programm.
Die Gemeinschaft der 3er-Fahrer organisiert sich weltweit in einer starken Club-Szene, die sich besonders im Internet mit zahlreichen Seiten und Foren der blau-weißen Marke und ihren Modellen annehmen. Neben typspezifischen Informationen erweist sich das World-Wide-Web auch als nützlicher Helfer bei der Suche nach Spezialisten rund um das „rostigste Hobby der Welt".

BMW E30 Clubs und Internet-Foren in Deutschland

www.3er-club.de
www.e30-club.de
www.3er-foren.de
www.e30-freunde.de
www.e30wuppertal.de

www.e30-talk.com
www.bmw-clubs.com
www.auto-treff.com/bmw (BMW-Treff)
www.bmw-syndikat.de
www.s14motorsport.de

Teilehändler und Restaurierungsfachbereiche

BMW Classic
www.shop.bmw-classic.de

MOTORSPORT24
Daniel Schwab
www.bmwm3shop.de

Wemax Group GmbH & Co. KG
Rhinstr. 49
10315 Berlin
www.autoteiledirekt.de

Meyle Autoteile
Wulf Gaertner Autoparts AG
Merkurring 111
22143 Hamburg
www.meyle.com

Schmiedmann Flensburg GmbH
Am Oxer 18a
24955 Harrislee
www.schmiedmann.de

TEILeHABER GmbH
Lützeltaler Str. 5a
63868 Großwallstadt
www.teilehaber.de

speedworxs.de
Talstraße 92
66440 Blieskastel
www.speedworxs.de

JL Parts
Im Burgstall 63
71263 Merklingen
www.jl-parts.de

E30-Lager
Seilerweg 10
75045 Wössingen
www.e30-lager.de

Muzzimotorsport
www.muzzimotorsport.com

Wichtige jährliche Veranstaltungen

Bremen Classics, Bremen
Retro Classics, Stuttgart
Techno Classica, Essen
VETERAMA, Ludwigshafen
Motorshow, Essen
BMW-Treffen anlässlich des
AvD Oldtimer Grand Prix
auf dem Nürburgring

Gesuchtes Sammlerobjekt, das so gut wie gar nicht angeboten wird: Alpina B6 3.5 S. Unter der Haube des 1987 präsentierten „Super-Tourenwagens" erwacht nach Drehen des Zündschlüssels ein auf 254 PS erstarkter 3,5-Liter-Sechszylinder zum Leben, dessen sattes Drehmoment von 320 Newtonmeter bei 4000/min anliegt; die Höchstgeschwindigkeit beträgt 270 km/h. (Foto Alpina)

17 Daten und Fakten

Während der Produktionszeit der E30-Baureihe gab es zahlreiche Änderungen und Modellpflegemaßnahmen, insbesondere beim M3. Die wichtigsten 3er-Versionen sind hier aufgelistet.

Das Fahrzeuggewicht kann je nach Ausstattung (beispielweise Lederausstattung, Klimaanlage und Servolenkung) stark variieren. Diese Tabelle bezieht sich auf die Basisausstattung, das tatsächliche Gewicht kann also in einigen Fällen um 100 kg oder mehr darüber liegen. US-Modelle waren mit besonderen Sicherheitsstoßstangen ausgestattet, die den Wagen um 115 mm länger machten und sein Gewicht um etwa 50 kg ansteigen ließen. Diese Versionen waren in der Regel auch um einiges besser ausgestattet und hatten oft ein Automatik-Getriebe, wodurch sich ebenfalls das Gewicht erhöhte.

Vierzylinder-Benziner-Modelle

Modell	**316**	**318i**	**316i**	**318i**	**318is**
Baujahr	1982-1987	1982-1987	1987-1991	1987-1991 (Touring: -1994)	1990-1991
PS bei 1/min	88/5500	101/5800	102/5500	115/5500	134/6000
Max. Drehmoment Nm bei 1/min	139/4000	139/4500	142/4250	165/4250	172/4600
Hubraum (ccm)	1766	1766	1596	1795	1796
Bohrung (mm)	89	89	84	84	84
Hub (mm)	71	71	72	81	81
Motor-Code	M10B18	M10B18	M40B16	M40B18	M42B18
Kraftstoff	Benzin	Benzin	Benzin	Benzin	Benzin
0-100 km/h (s)	12,1	11,6	11,9	10,6	9,7
Höchstgeschwindigkeit (km/h)	175	178	181	188	196
Durchschnittsverbrauch (l/100 km)	10,5	9,1	11,2	10,1	k. A.
Fahrzeug-Gewicht (kg)	990	990	1065	1065	k. A.
Gesamtlänge (mm)	4325	4325	4325	4325	4325
Breite (mm)	1646	1646	1646	1646	1646
Höhe (mm)	1379	1379	1379	1379	1379
Radstand (mm)	2570	2570	2570	2570	2570
Spurbreite vorn (mm)	1407	1407	1407	1407	1407
Spurbreite hinten (mm)	1415	1415	1415	1415	1415
Wendekreis (m)	10,5	10,5	10,5	10,5	10,5

Cabrio-Modelle sind im Schnitt etwa 110 kg schwerer als die entsprechenden geschlossenen Fahrzeuge, ebenso bringen die Touring-Modelle im Schnitt etwa 90 kg mehr auf die Waage.
Die Verbrauchs-Angaben können nur Anhaltspunkte bieten, da sich die Testmethoden über die Jahre verändert haben.

Sechszylinder-Benziner-Modelle

Modell	320	323	325i	325e	325ix
Baujahr	1982-1991	1981-1985	1985-1991 (Touring: -1994)	1984-1987	1988-1991
PS bei 1/min	129/6000	139/5300	168-189/5800	121-127/4250	171/5800
Max. Drehmoment Nm bei 1/min	173/4000	204/4000	226/4300	230/3250	226/4300
Hubraum (ccm)	1990	2316	2494	2693	2494
Bohrung (mm)	80	80	84	84	84
Hub (mm)	66	76,8	75	81	75
Motor-Code	M20B20	M20B23	M20B25	M20B27	M20B25
Kraftstoff	Benzin	Benzin	Benzin	Benzin	Benzin
0-100 km/h (s)	8	10	7,4	9,5	8
Höchstgeschwindigkeit (km/h)	196		205	185	214
Durchschnittsverbrauch (l/100 km)	10,8	11	12,1	8,7	11,7
Fahrzeug-Gewicht (kg)	1125		1180		1280
Gesamtlänge (mm)	4325	4325	4325	4325	4325
Breite (mm)	1646	1646	1646	1646	1661
Höhe (mm)	1379	1379	1379	1379	1400
Radstand (mm)	2570	2570	2570	2570	2570
Spurbreite vorn (mm)	1407	1407	1407	1407	1420
Spurbreite hinten (mm)	1415	1415	1415	1415	1415
Wendekreis (m)	10,5	10,5	10,5	10,5	11,1

Diesel-Modelle

Modell	324d	324td
Baujahr	1985-1991	1985-1991
PS bei 1/min	85/4600	115/4800
Max. Drehmoment Nm bei 1/min	151/2500	219/2400
Kraftstoff	Diesel	Diesel
Motor-Code	M21B24 (sechszylinder)	M21B24 (Sechszylinder)
0-100 km/h (s)	15,2	
Höchstgeschwindigkeit (km/h)	165	186
Durchschnittsverbrauch (l/100 km)	7,4	7,8
Fahrzeug-Gewicht (kg)	1195	1260
Hubraum (ccm)	2443	2443
Bohrung (mm)	80	80
Hub (mm)	81	81
Gesamtlänge (mm)	4325	4325
Breite (mm)	1646	1646
Höhe (mm)	1379	1379
Radstand (mm)	2570	2570
Spurbreite vorn (mm)	1407	1407
Spurbreite hinten (mm)	1415	1415
Wendekreis (m)	10,5	10,5

Sparsamer Fahrspaß: Die aufgeladene Dieselversion mit ihren 115 PS ermöglicht auch heute noch sparsames und doch zügiges Fahren. (Foto: BMW AG)

M3-Modelle

Modell	M3 (inklusive Evo I/II)	M3 Evo III
Baujahr	1986-1990	1990-1990
PS bei 1/min	195-220/6750	238/7000
Max. Drehmoment Nm bei 1/min	230/4750	239/4750
Hubraum (ccm)	2302	2467
Bohrung (mm)	93,4	95
Hub (mm)	84	87
Motor-Code	S14B23 (Vierzylinder)	S14B25 (Vierzylinder)
Kraftstoff	Benzin	Benzin
0-100 km/h (s)	6,5	6,1
Höchstgeschwindigkeit (km/h)	234	247
Durchschnittsverbrauch (l/100 km)	10,8	11,5
Fahrzeug-Gewicht (kg)	1165-1296	1296
Gesamtlänge (mm)	4346	4346
Breite (mm)	1679	1679
Höhe (mm)	1369	1369
Radstand (mm)	2562	2562
Spurbreite vorn (mm)	1412	1412
Spurbreite hinten (mm)	1433	1433

Mit dem M3 gelang BMW 1986 der ganz große Wurf. Unverbastelte, gut gepflegte Exemplare in Originalzustand sind heute selten geworden – das Preisniveau ist dementsprechend hoch. (Foto: BMW AG)

Mit sicherem Gespür für die Wünsche der Kundschaft, bot BMW bei der 3er-Reihe eine große Karosserievielfalt an: Mit dem Lifestyle-Kombi besetzten die Münchener mal wieder eine Marktnische, die von der Konkurrenz erst viel später entdeckt werden sollte. Gut erhaltene Touring-Modelle sind schwer zu finden, generell sind die Sechszylinder-Varianten aufgrund ihrer Leistung die bessere Wahl. (Foto: BMW AG)

Produktionszahlen
Limousine, Touring, Cabrio

Typ	Stückzahl
316	126.659
316i	385.294
318i	556.679
320i	461.479
320is	3745
323i	98.483
324d	76.093
324td	28.904
325e	152.000
325i	352.993
325ix	34.862
M3	17.970
Gesamt	2.336.341